U0946509

HOUSE OF CARDS
深深的纸牌屋

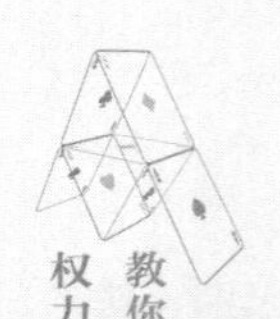

教你一眼看穿
权力游戏的所有秘密！

HOUSE OF CARDS

深深的纸牌屋

怎样有规则地掌控关系及领导力

姜得祺 著

江苏凤凰文艺出版社
JIANGSU PHOENIX LITERATURE AND ART PUBLISHING, LTD

图书在版编目（CIP）数据

深深的纸牌屋 / 姜得祺著. — 南京：江苏凤凰文艺出版社，2014
ISBN 978-7-5399-6414-0

Ⅰ. ①深… Ⅱ. ①姜… Ⅲ. ①成功心理 – 通俗读物 Ⅳ. ①B848.4-49

中国版本图书馆CIP数据核字(2014)第107873号

书名	深深的纸牌屋
著者	姜得祺
责任编辑	孙金荣
策划编辑	一 航
特约编辑	葛 青
文字校对	文艳丽
封面设计	罗久才
出版发行	凤凰出版传媒股份有限公司 江苏凤凰文艺出版社
出版社地址	南京市中央路165号，邮编：210009
出版社网址	http://www.jswenyi.com
经销	凤凰出版传媒股份有限公司
印刷	三河市金元印装有限公司
开本	700毫米×1000毫米 1/16
印张	17.5
字数	176千字
版次	2014年6月第1版 2014年6月第1次印刷
标准书号	ISBN 978-7-5399-6414-0
定价	35.00元

（江苏文艺版图书凡印刷、装订错误可随时向承印厂调换）

目　录
CONTENTS

CHAPTER 9　适时授权，千万不要把持所有权力

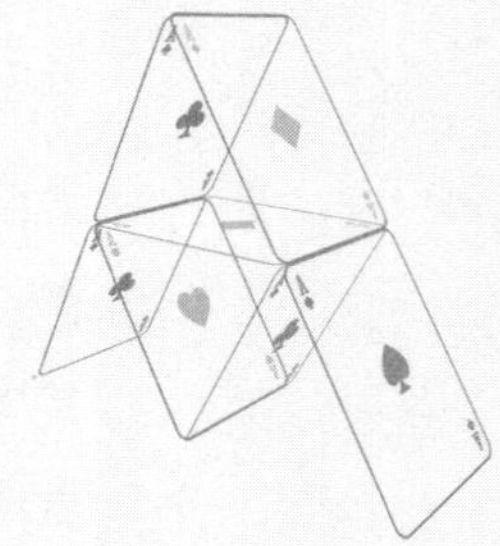

前言
PREFACE

热播美剧《纸牌屋》在中国红极一时，很多人茶余饭后都在谈论其中的剧情，不是因为该剧在艾美奖入围9项大奖；也不是因为男一号凯文·史派西（弗兰西斯扮演者）获得最佳男主角奖、女一号罗宾·怀特（克莱尔扮演者）获得最佳女主角奖；也并非就像评论家说的那样，该剧深刻揭示了神秘的美国政坛黑幕……我觉得真正引起热议的原因是该剧全面地展示了在丛林法则之下的生存哲学与技巧，这正是中国观众在纷繁复杂的社会中必需的法宝。

《纸牌屋》以弗兰西斯活活掐死一只车祸中受伤的狗为开头，让人心头为之一震，如此心狠手辣之人在政治角逐中该是多么厉害的人物啊！果真，在后来的故事中证实了这一点。弗兰西斯是美国国会众议院多数党的党鞭，也可以说是政治家中的政治家，他不仅成熟老练，更是老奸巨猾，也有令人望而生畏的领导范儿。他冷酷无情，同时也很多疑。他坚信自己能够当上国务卿，却未能如愿，这让他愤怒不已，他觉得这一切都是新当选的总统沃克和他的幕僚们背叛的结果，于是，他暗暗发誓一定要将新总统赶下台……

为了达到自己的政治目的，他不择手段地利用教育法案的改革扳倒竞争对手；为了在政治舞台上能够有自己的宣传媒体，通过与《华盛顿先驱报》的美女记者佐伊·巴恩斯进行秘密交易，使自己在舆论上压倒政敌；为了让自己在阵营中有一块牢固的垫脚石，弗兰西斯将劣迹斑斑的罗素作为培养对象，支持他竞选州长……

弗兰西斯是一个从来不怕威胁的人，而且谁威胁了他，他就铲除谁。于是，在弗兰西斯的亲自操作下，罗素醉酒之后在自己的车上"中毒"而亡；罗素的死亡引起了记者佐伊·巴恩斯的注意，她以记者的敏锐觉得这件事必有蹊跷，于是她着手调查，最后将矛盾直指弗兰西斯，但是被感情冲昏了头脑的她认为弗兰西斯不会将自己怎么样，更没有想到弗兰西斯为了仕途可以牺牲一切人，包括她。于是，在一次约会中，弗兰西斯毫不犹豫地将她推向了疾驰而来的地铁；佐伊·巴恩斯的死亡，让她的男朋友卢卡斯悲痛万分，非要查个水落石出，结果钻进了弗兰西斯巧妙设计的圈套，以泄露国家机密罪被逮捕，面临至少三十五年的牢狱之灾……

总之，只要是阻碍弗兰西斯的人，都会被他顺利地解决，所以他的仕途才一往无前。当然，弗兰西斯的成功还离不开一个人，那就是他的妻子克莱尔。他们在家里是无话不谈的知心朋友，在政治场上能够站在一条战线上并肩作战，虽然也有偶尔的背叛、肉体的出轨，但是在关键时刻她能够不惜一切代价，帮助弗兰西斯爬上权力的顶峰。

弗兰西斯在获取权力的过程中，可以说荆棘丛生，因为他的身边都是他的同类，稍有不慎就可能被对方打倒。只不过弗兰西斯的手段更为高明，更为毒辣，比如诽谤、贿赂、交易等，弗兰西斯运用起来可以说是游刃有余，而且屡试不爽，所以他比别人获胜的概率高一些，最终的胜利者非他莫属。

《纸牌屋》是将美国政坛阴暗面放大到极致的演绎，情节跌宕起伏，扣人心弦,观众相信这就是真实的美国政治斗争。在广大民众的视野里，权力运行是神秘的“少数人的游戏”，虽然高不可攀，但始终充满着诱惑力。《纸牌屋》不仅揭开了美国政局的神秘面纱，更是展现了错综复杂的人际关系中的博弈法则，值得借鉴。

我们这本书从《纸牌屋》中提取了最实用、最经典、最有价值的案例故事，并结合中国古代官场实例，从政治、哲学、技巧等方面进行分析总结，教会当下的领导者或者普通人群中的你我他，如何在丛林法则里生存，如何掌控权力，如何能够借力，如何获得人脉，如何避开对手的竞争，如何快速晋升……给当下的领导者和普通大众指明一条通往权力与地位金字塔顶峰的捷径！

CHAPTER 1
没有手段，就没有高位

没有手段，就没有高位

赢得贵人相助靠的不仅仅是运气

刚柔并济，让对手失去方向

暗度陈仓，占据有利地位

强硬铁腕，成就王者之道

赢得贵人相助靠的不仅仅是运气

在我们中国有这样一句话:“学历是铜牌，能力是银牌，人脉是金牌！”在美国的好莱坞则有这样一句流行语:“一个人能否成功，不在于你知道什么，而是在于你认识谁。”著名的成功学大师戴尔·卡耐基也曾说过类似的话:“一个人的成功，85%取决于人脉关系，15%取决于专业知识。”本杰明·富兰克林也曾有这样的告诫:“成功的第一要素就是要懂得如何搞好人际关系！”

可见人脉对一个人的成功有多么重要。人脉可以改变一个人的命运，可以让一个人快速登上成功的顶峰，可以让一个人无所不能。说点实际的，如果生病了，医院里刚好有你认识的朋友，那么你就有可能争取到权威的医生来治疗你的疾病；如果过年回家买不到火车票，你又恰好认识在火车站工作的朋友，那么你就不用背着铺盖卷冒着凛冽的寒风守候在车站排队买票了；如果你的孩子想上好的学校，这所学校又有你认识的朋友,那么你就不会“背着猪头找不到庙门”……可见，谁拥有更多更好更高端的人脉，谁办事就省力省钱省时间，而且还能把事情办得妥妥帖帖。

俗语道:“一个篱笆三个桩，一个好汉三个帮。”再牛的人也不可能三头六臂，更不可能懂得分身术。所以，能够自己办的事情很快就能解决，而自己能力之外的事情该求助别人的还得求助别人。如果自己不行还死撑着，就只能是浪费自己的时间，耗费自己的精力。懂得求助别人也是一种生活的技巧。当你出门远行的时候父母总是放心不下地叮嘱道:“在家靠父母，出门靠朋友。”在家的时候，即使遇到天塌下来的事情，至少还有父母帮你顶着。可是出了门之后，任何事情都得依靠自己了，尤其到一个陌生的城市，即使你有再强大的能力，也未必能凭着一个人的肩膀扛起所有的事情。所以，生存下来的第一招就是要懂得交朋友，懂得借力，通过朋友的帮助来撑起自己肩膀撑不起的天空。

我们放眼身边那些干大事的人，他们经常不是有饭局就是要去酒局，但并非都是为了吃饭而吃饭，为了喝酒而喝酒，而是通过各种局建立自己的人脉圈子。圈子里面有各种资源，这些资源可以就近利用，优势互补，取长补短，不但节省了单枪匹马开创事业所需要的成本，而且还可以用节省下来的成本开创更大的事业。所以，一个人要想成就一番大事，就必须有足够的人脉。人脉圈子有多大，成就事业的舞台就有多大。

《纸牌屋》的主角弗兰西斯·安德伍德刚一出场就给人一种不寒而栗的感觉。窗外一声撞击的声音，接着就传来狗的一声惨叫和车辆加速油门离去的声音。弗兰西斯闻声跑出了房间，发现邻居沃顿家的狗被车撞了，而肇事者早已逃之夭夭，只剩下奄奄一息的狗。弗兰西斯趁人去叫沃顿的时候，将这只命在旦夕的狗给活活掐死了。用弗兰西斯的话说："痛苦分两种，一种让你变得更强，另一种毫无价值，只徒添折磨。我对没有价值的东西也没有耐心。这种时刻，需要有人采取行动……或做一些不好的事，但也是必要的事。好了，痛苦结束了。"

那一刻人们心头为之颤抖，这样一个人，他到底是干什么的？他为什么要如此凶残？在接下来的剧情中你会明白他的职业——众议院多数党党鞭。职业练就了他的残忍性格，但是，如果没有这种性格，也许在弱肉强食的政坛中他早已经成为了别人的盘中餐。也正是这种性格和他精明圆滑的处事方式，才让他最终一步步走到了金字塔的顶端。他的成功并非偶然，因为在他的成功道路上，出现了很多贵人。这些贵人或者是同床共枕的妻子，或者是自己的政敌，而这些人最终都成为了他爬上政坛金字塔的垫脚石。

弗兰西斯的妻子克莱尔是一位聪明能干的女人。她既是弗兰西斯统一战线上的战友，又是他无话不谈的朋友，就连丈夫在外面找别的女人这件事，他们都能摆在桌面上谈。当克莱尔与自己的艺术家情人幽会时，弗兰西斯虽然心里有些痛苦，但他仍睁一只眼闭一只眼。当克莱尔回到家中的时候，他还是将她紧紧拥在怀中，两人一笑泯恩仇。而当克莱尔躺在别的男人怀里，享受着弗兰西斯给不了的温存与安慰时，她的内心依然牵挂着丈夫，在得知他遇到困境的时候更是毫不犹豫地离开了给她无数梦想的男人，回到了弗兰西斯的身边。她之所以如此选择，也许是因为弗兰西斯当时向她求婚的话语言犹在耳吧！“你知道弗兰西斯向我求婚时说什么吗？他说的每个字我都记得。他说：‘克莱尔，如果你只想要幸福，那就拒绝吧，我不会跟你生一堆孩子，然后数着日子退休，我保证你免受这些痛苦，也永远不会无聊。’”这样特别的男人恐怕只有弗兰西斯一人了吧。

当弗兰西斯遇到解决不了的问题时，克莱尔就会挺身而出，用自己特有的女性魅力，一次次化解他的困境，让他的前途畅通无阻。这样的女人用中国人的话讲就是“不掉链子”。克莱尔可以说是弗兰西斯的贵人，正是有了她的帮助，弗兰西斯才会在政坛征途上走得更顺畅。

弗兰西斯的第二大帮手应当是佐伊·巴恩斯了，她本是《华盛顿先驱报》的女记者，一直默默无闻。因为一个偶然的机会，闲来无事的她被朋友带着去参加白宫的高层宴会，就在进入礼堂的瞬间，被正出门透风的弗兰西斯撞见了，面对如此年轻美貌、性感迷人的女人，哪个男人不动心，可弗兰西斯只是带着几分矜持地微微歪头瞄了一眼她的屁股。当晚，佐伊·巴恩斯在微博上，看到一条标题为“要想别人瞧得起你，就别只穿丁字裤”的博文，而配图恰好是弗兰西斯回头看她的那个瞬间。佐伊·巴恩斯在一笑之余，也感到了其中隐藏的巨大利益。于是，她立刻搜索照片上的男人，很快就找到了弗兰西斯的资料。对于佐伊这样的底层小记者来说，能够与这样的高层攀上关系可是千载难逢的机遇。于是，她抱着试试看的心态拿着这张照片找到了弗兰西斯，而弗兰西斯在不了解情况的条件下当然会说自己不认识她，但当她将照片给他看，并说他们很早就认识的时候，弗兰西斯并没有否认。这次的见面无疑让佐伊有了极大的收获，对于苦苦没有新闻热点的记者来说，只要搭上了弗兰西斯这层关系，今后她就有可能优先报道关于白宫内部的政事。而对于弗兰西斯来说，遇到佐伊·巴恩斯可以用“瞌睡来了遇到枕头”来形容。无论是眼前纠缠不清的法案，还是以后平坦顺畅的政途，他都需要一个强有力的宣传造势工具，而媒体为首要选择。所以，无论是从私下的秘密传递信息，还是到床上的翻云覆雨，俩人一拍即合。结果证明他们的选择是非常有效的，佐伊这个名不见经传的小记者一跃成为电视名人，而通过媒体的报道，不仅让弗兰西斯摆脱了困境，而且还打败了竞争对手，从此平步青云。

在弗兰西斯的人脉圈中，无论是扶不起的“阿斗”、国会众议员、竞选宾夕法尼亚州州长的彼特·罗素，还是化腐朽为神奇、化丑闻为稀泥的道格·斯坦普，他们都为弗兰西斯的成功立下了汗马功劳。弗兰西斯鼓励罗素竞选州长不仅是为他自己的道路扫清障碍，而且还为自己培养了一支强大的队伍，对弗兰西斯未来的竞选、高升无疑是一个不可或缺的力量。道格·斯坦普是弗兰西斯的办公室主任，也就是首席幕僚。虽为主任，小到买油炸洋葱圈，大到替其顶罪，事无巨细，事必躬亲。

正是由于上述无数个幕后能人方才成就了弗兰西斯。如果仅靠他一个人的力量估计早就成了别人的炮灰，尤其是弗兰西斯这种来自社会底层、没有社会背景、没有地位、没有金钱的人，可是他最终成功了。当然这种成功离不开个人的努力和聪明才智，但再牛的人也难一手抵四拳，更何况白宫还是一个狼窝，没有几个得力的帮手，真的很难出人头地，所以说弗兰西斯的成功更离不开身边人的帮助。

对于一个社会上的人，衡量其混得好不好的标准，不是职位有多高，也不是赚的钱有多少，而是认识了哪些对你有用的人。但是，很多人不懂得珍惜自己身边的贵人，或者贵人出现的时候却毫无知觉。其实，发现身边有没有贵人最好的办法就是当你遇到困难的时候，首先想到的是谁或者你第一个想给他打电话的人是谁，那么，这个人就是你身边的贵人，就是你人脉资源中最宝贵的财富，就是你应该好好珍惜的人。有了这些资源你就有可能成为一个成功的人，即使目前没有任何进展也只是暂时的，至少你已经走出了成功的第一步。

大家都知道著名的红顶商人胡雪岩的传奇故事。其实，他在风光的背后同样有着不为人知的辛酸历程。胡雪岩从小家境贫寒，在他十二三岁的时候就不得不独自一个人在异乡闯荡了。但是贫困的生活并没有使他放弃自己，而是更加坚定了拼搏的决心，使他终于成为富可敌国的巨商。胡雪岩的成功完全依靠白手起家，因为他来自贫困的农村家庭，不可能结识位高权重的达官贵人；对于连基本温饱都成问题的他来说，更不可能对政局有多深的见解。唯一的优势可能就是只读了两三年书，但是仅仅两三年的学习也只能算是刚刚启蒙罢了。既然他没有一项值得骄傲的强项，那么他是凭什么成功的呢？

我们有必要回忆一下胡雪岩的人生轨迹。

胡雪岩在很小的时候父亲就去世了，整个家庭只靠母亲一人苦苦支撑，可是兄弟姐妹好几个，吃喝拉撒都需要经济来源，无奈他只能去别人家放牛以补贴家用。后来，胡雪岩在放牛的时候捡到了一个杂粮商人的包袱，他千方百计寻找到那位商人并归还了包袱。商人很感激他，决定收留他做自己的徒弟。从此之后，胡雪岩的命运彻底发生了变化。从杂粮店到火腿肠商行，再到钱庄，胡雪岩虽然一直当学徒，但是这几次转行，并非胡雪岩自己提出来的，而是他的老东家提出来的，因为在他们看来胡雪岩是一个特别出色的徒弟，所以非常愿意给他一个更高更好的平台。于是，在他们的帮助下，胡雪岩一步步走向了更大的商行。

钱庄是胡雪岩一生的根本事业。在钱庄做学徒的时候，胡雪岩结识了落魄书生王有龄。胡雪岩因为读书有限，所以对王有龄这样的读书人一直非常敬佩。当王有龄有困难的时候，他不遗余力地倾囊相赠，并与王有龄结为兄弟，直到助他一步步当上浙江巡抚。在帮助王有龄的过程中，他认识了各行各业的江湖人物，而这些人也都给了他很大的帮助，甚至可以说，如果没有这些江湖人物就不可能有胡雪岩后来的辉煌成就。

后来王有龄自杀了，但他在自杀之前将胡雪岩推荐给了左宗棠。胡雪岩当了左宗棠的手下之后，充分发挥自己的聪明才干，很快赢得了左宗棠的赏识，并将采购粮食军火的重任交给了他。从此，胡雪岩的命运发生了脱胎换骨的转变，并为他成为红顶商人奠定了坚实的基础。

纵观胡雪岩的一生，正因为他每走一步都会有贵人相助，所以才有机会取得辉煌的成绩。如果不是杂粮店的老板从穷乡僻壤的农村将他带出来，他可能一辈子都在农村种地，日出而作，日落而息；如果不是钱庄老板将钱庄交给胡雪岩掌管，不知道他还要奋斗多少个年头才能淘到自己的第一桶金；如果不是王有龄的帮助，他也不可能在杭州事事如意；如果不是左宗棠的提携，他得到慈禧赏赐黄袍马褂的机会几乎是零……可见，胡雪岩的成功，不仅离不开他自己的努力，更离不开贵人相助。

有贵人相助几乎是每个人的期望，但是你有时也得想一想，贵人凭什么要相助你呢？你有什么值得贵人相助的？毕竟他们帮助你是需要付出代价的，并非是吃饱了撑的没有事干才想起来去助人为乐。没有无缘无故的爱，也没有无缘无故的恨。贵人愿意帮助你也都是有原因的。杂粮店的老板之所以帮助他，因为胡雪岩捡到了自己的包袱，并且千里迢迢地归还给了他，这种拾金不昧的精神让杂粮店的老板很感动，为了回报胡雪岩，他决定带他走出农村来到大城市发展。钱庄的老板愿意帮助他，因为胡雪岩凭着自己的聪明能干帮助老板拓展了业务，他觉得钱庄的未来要靠胡雪岩，所以将钱庄交给了他。王有龄不遗余力地帮助他，因为胡雪岩助他坐上了巡抚的宝座。左宗棠愿意提携他，因为胡雪岩能帮助他筹齐粮食与军火物资。可见，所谓贵人相助，只不过是人与人之间的互相帮助而已，要想得到贵人相助，就得有一颗乐于助人之心。只有先帮助了别人，别人才有可能不计成本地帮助你。

赢得贵人相助是胡雪岩成功的关键。他最大的聪明之处就是懂得充分利用所有的资源，包括自己没有的资源。假如有人需要帮忙，胡雪岩并没有可直接利用的资源，但是他的朋友能够提供帮助，那么他就会给自己的朋友打招呼请求帮助那人，那人为了回报胡雪岩，在他遇到困难的时候，肯定会毫不犹豫地出手帮忙。经过日积月累，就这样慢慢形成了一个互相帮忙的圈子，你帮我，我帮你，从而成就了彼此，也成就了胡雪岩。

人脉越多你的生财门路就越多；人脉越多你遇到的困难就越少，做起事来就越方便；人脉越多你的档次和品位就越高；人脉越多你的价值就越大，价值越大人生的意义就越大……

我们身边的人，甚至包括自己，当遇到自己无法解决的难题时，心中老是默默祈祷着：我如果能够认识张三多好啊！我如果能够认识李四多好啊！如果在这个机构有我的亲戚该多好啊！往往这样想的人，都是没有这层关系的。但是，你没有这层关系并非别人也没有。如果你认识甲，甲认识乙，乙认识丙，也许丙就可能认识张三、李四呢？这是完全有可能的。那么你只要先和甲搞好关系就可以了，让甲去联系乙，再让乙去疏通丙，然后丙不就将你需要的人介绍到你身边了吗？这样你做起事情来不就方便了吗？

拥有丰富的人脉资源可以缩短成功的距离，人脉就是你的一笔无形的巨额资产，经营好人脉就经营好了你的一生。

在如今的社会，没有人会在乎你受过多少伤，而只在乎你是否能成功。胜者为王，败者为寇。所以，如果能够认识一些对你有利的保护伞，那么你的前途就有可能无风无雨。这句话说起来大家都很明白，但是如何才能做到呢？

1. 懂得赞美一个人

认识并了解一个人首先从交流开始，而最好的交流语言就是赞美。每个人都有虚荣的一面，或者说每个人都喜欢听到别人对自己的肯定。如何让赞美听起来不是恭维呢？

首先要真诚，是发自内心的赞美，千万不要说话阴阳怪气的。而且，并非只针对某些大是大非，真正的赞美来自细小的地方。大事情大家都看得见，赞美声早听腻了，你的赞美也只能算是锦上添花，只有那些细小的地方别人没有注意到，而你注意到了，并且赞美了出来，才会让对方觉得你是真正关心他的人，也才会记住你。最后，赞美一定要抓住时机，并且恰如其分。比如，聚会、婚宴、饭局等社交活动都是建立人脉圈子的最好时机。

如果你遇到陌生人却不知道第一句话该从哪里开始，不妨先从赞美开始。比如某个人的发型很好，不妨赞美一下，穿着得体的西服也可以赞美，甚至佩戴某个精美的饰品都可以成为赞美的由头。

2. 增加自己被利用的“价值”

要想拥有更多的人脉，不仅要了解朋友圈里某些人的兴趣爱好，适当投其所好，更重要的是增加自己被利用的“价值”。那么该如何增加自己的“价值”呢？

首先你要开拓一些别人没有的资源。假如你认识火车站的某个朋友，那么你可以帮助那些火车站没有熟人的朋友购买到火车票，那么你对别人就是有价值的，时间久了在你的身边就会聚集一帮有求于你的人，今天你帮了他，明天他就有可能帮助你。如果你把自己的资源隐藏起来仅供你一个人使用，那么你对别人来说就是无价值的，时间久了大家都不会找你帮忙，久而久之你与他们就会疏远了。所以，在力所能及的情况下尽可能多帮助别人，有朝一日当你遇到困难的时候，他们也会出手相助。

你的“价值”越大，你的朋友就越多。千万不要抱怨自己总是被别人利用，被别人利用说明你至少还有可利用的价值。如果有一天你不再被别人利用，那么你也就一无是处，真的只剩下孤孤单单的一个人了。

3. 不要轻易改变联系方式

交换了一次名片的人脉不算是真正的人脉，真正称得上人脉的至少也得通一次电话，或者吃一顿饭，或者在微博、微信上打过招呼。有些人为了新鲜刺激，经常换手机号码，微博、微信的名字更是换个不停。

假如有人要给你介绍业务，结果你的手机号码换了，联系不到你，也不可能一直放在那里等你，就有可能介绍给别人；如果在微博上找你，经过搜索，却发现已经找不到你曾经留下的名字，那么也不可能千百次地去搜索，因为每个人每天都有自己的事情，不可能为了你翻遍整个粉丝群；在微信上你三天两头换名字，当别人看到一个陌生的名字出现在好友群里，就有可能顺手把你给删掉……一旦联系不到你，那么你也就可能永远失去这条人脉了。

所以，不要轻易改变你的联系方式。如果真的有必要改变的话，不妨先打个电话，或者发个短信沟通一下，顺便将自己新的联系方式告诉对方，这样不仅不会失去你的人脉关系，而且有助于你巩固这条人脉。只有这样，你的人脉才会越来越多。

刚柔并济，让对手失去方向

无论是在社会还是平时在人与人的处事中，都会遇到各种各样的问题，面对这些问题如何游刃有余地处理非常关键。有的人吃硬不吃软，有的人则是吃软不吃硬，还有的软硬都不吃，如果你不能很好地了解这个人，并采取最恰当的处理方式或者手段，就很难把控对方，甚至会被对方推入绝境。所以，在处理事情的过程中千万不能采用一刀切的处理方法，要根据不同的人，不同的性格，采取刚柔并济的策略，不仅能够以最快的速度迷惑对手，而且能够让对手手忙脚乱、不攻自破。

弗兰西斯·安德伍德正在为修订的教育法案能够顺利过关忙得不亦乐乎，恰在此时，发生在家乡加夫尼郡的“大桃子事件”让弗兰西斯有些措手不及。

17岁的女孩杰西卡·马斯特斯驾车经过桃农修建的大桃子灯塔时给男友发短信“大桃子像不像巨大的……”结果，短信还没有写完，车子突然失控，冲出大路，杰西卡当场死亡。本来这是一起简单的交通事故，但是加夫尼郡的郡长奥林不想让此事就此了结，他利用媒体大肆炒作，并积极支持死者的父母亲起诉加夫尼郡政府，作为郡长的奥林为什么要这么做呢？其实，他真正的目的就是想将弗兰西斯拉下马，自己好坐上国会议员的椅子。当年奥林建议将“大桃子”拆掉，但是遭到了政敌弗兰西斯的反对，他一直对此耿耿于怀，当这次意外发生之后奥林似乎看到了机会，所以，他不仅利用媒体指责弗兰西斯，而且暗中支持死者的父亲马斯特斯先生起诉弗兰西斯。

弗兰西斯为了避免卷入无休止的官司之中，从而影响教育法案的顺利通过，暂时抛下手头的一切工作，急忙南下处理“大桃子事件”。当面对奥林的时候，弗兰西斯先向奥林示好，以职位来诱惑奥林，说道：“迪克·彼得斯要卸任了，就是说第四选区会有场公开竞选，我帮你搞定那职位怎样？”他希望以此和解此事，但是遭到了奥林的臭骂。弗兰西斯也知道死党不可能这么容易被自己所诱惑，走时说了一句：“你或许鄙视我，奥林，但邀请我们上去喝些冰茶才叫有气度。”这句话则为和平解决此事留了后路。

奥林这条路走不通，弗兰西斯又转向努力说服杰西卡的父母，希望他们放弃起诉。首先，他召集加夫尼郡的领导们（除了奥林）想办法解决此事。弗兰西斯看大家对是否赔偿一事争论不休，直接来了一句：“等奥林找来陪审团为这女孩挥泪如雨，等加夫尼因为付不起上百万的赔偿而破产，等你们都被一脚踹出办公室而我也输给蔡斯（即奥林），那时你再来跟我唠叨你的原则，因为到时我们唯一不缺的就是时间。”这句话让在座的官员为之一振，决定以最快的方法解决此事。大桃子灯塔不能拆，但在发生事故的地方设立警示标志：小心驾驶，莫发短信。大桃子灯塔晚上熄灭，用节省下来的电费以杰西卡的名义设立奖学金。

当晚，弗兰西斯不顾保镖的劝解，厚着脸皮去参加了死者的追悼会，并向死者的父母马斯特斯先生和太太道歉，虽然遭到了拒绝，但至少给死者家属一点心理安慰。

然后，在牧师的帮助下，弗兰西斯又在教堂进行了一场生动的演讲，想以此得到马斯特斯夫妇的谅解：

“有一个话题人人回避——恨，我们非常了解恨，它在你腹中酝酿，在你体内深处搅动翻腾，接着它涌起，恨意猛烈迅猛地上升，令人冲口而出激动的话语，你怒目圆睁，充满怒火，你要咬紧牙关，简直要咬碎牙齿，我恨你，上帝，我恨你！别说你们从没有说过这句话。我知道你们说过，我们都说过，只要你曾经经历如此沉痛的打击。

“今天在座有一对父母，他们了解这种痛苦，最沉重的伤痛，莫过于失去一个尚年轻的孩子。如果迪恩和莉安现在站起来，吼出那些充满恨意的可怕词句，我们能责怪他们吗？我做不到，至少我能理解他们心中的恨，我能体会，但上帝无常，冷酷无情，我甚至不能……

“我的父亲因心脏病猝死，年仅 43 岁。当他离开时，我仰望上苍，说了这些话。因为我父亲如此年轻，如此精力充沛，满怀梦想，为什么上帝要把他夺走。

（其实，我并不了解他，也不知道他的梦想，他沉默、胆小，没有人在意他，我的母亲瞧不起他，我外婆讨厌他，他根本没有真正地活过，也许早逝是件好事，他没有什么贡献，只是占地方罢了，但这样的悼词哪有震撼力，是不是？）

“我流泪，我哭喊‘为什么，上帝！’我怎能不恨你，你从我身边偷走了这个世界上我最崇敬的人，我无法理解，并为此恨你。

“《圣经·箴言》中写道：‘你要专心仰赖耶和华，不可倚靠自己的聪明。’上帝告诫我们无条件地信任他，尽管我们无知，仍要爱他。毕竟，信仰是什么？不就是在考验最严峻的时候依旧能坚持到底吗？

“我们永远不会明白，为什么上帝要夺走杰西卡、我的父亲或者其他人。虽然上帝没有给我们任何答案，他却赋予了我们爱的能力，我们要做的就是去爱他，不去质疑他的安排，所以我恳求您，亲爱的主啊！我恳求您加深我们对您的爱，作为回报，用您的爱温暖迪恩和莉安，我还恳求您，帮助我们抵御恨意，让我们真正地，全心全意地信任您，不依靠自己的聪明，阿门！”

弗兰西斯的演讲可以说感人之极，既站在对方的角度理解他们的失子之痛，又打出了自己的亲情牌，虽然是假的，但也着实让大家感动了一把，因为没人愿意给正在哭泣的人耳光。然后，他利用信仰、利用人们无比信赖的上帝。

但是这能否让马斯特斯先生和太太原谅呢？当然不会。最后，弗兰西斯将马斯特斯夫妇请到自己家中，亲自做饭给他们，并提起设立奖学金的想法，希望能够得到他们的原谅。在马斯特斯夫妇犹豫之际，弗兰西斯拿出杀手锏，说道："马斯特斯先生，你要让我辞职吗？你一句话，我立马辞职，如果这能让你好过一点的话。"最后，凭借雷厉风行的改正措施和一系列的攻心战术，弗兰西斯获得了马斯特斯夫妇的原谅。

但是，回头再面对奥林，弗兰西斯就没有了足够的耐心。如果不是奥林煽风点火，"大桃子事件"也许早顺利解决了。弗兰西斯用强硬的口气告诉奥林："想象一下，一个17岁的女孩以时速60英里驾驶汽车在空旷的路上突然失控，然后她撞上了护栏。但是，如果她系上了安全带，而她确实系了，她的车没有沿着深沟翻了三次，而车的确翻了，那么这名女孩现在还会活着。但你知道吗？正因为郡长没有建造护栏，所以她死了。我们查了章程，护栏是郡政府管的。"

弗兰西斯的话顿时让奥林无言以对。接着弗兰西斯告诉奥林："山麓电网每隔几年就申请让输电线横穿加夫尼，你这块地正好在路线之上。我和吉恩每次都把这事压下，但今年他们要是再来申请……政府强制征收，拆掉这么漂亮的房子，真是可惜。"

奥林一听就着急了，立刻怒骂："见鬼去吧，弗兰克，你休想跑到我家来，还一副你的地盘的样子。"

看着怒火冲天的奥林，弗兰西斯开心了，一种报复的快感涌上心头，于是他提出了条件："我帮你赢得第四选区的选举，你保住房子，我保住第五选区，把大桃子抛到脑后，皆大欢喜，你说呢？"

然后，弗兰西斯就笑着离开了……

可见，如果不是弗兰西斯能说会道，采取攻心战术，一对刚刚失去女儿的父母怎么可能在那么短的时间内原谅弗兰西斯呢？而对奥林，弗兰西斯一开始打算通过示弱尽快解决麻烦，但无望之后，转而又实行强硬手段，一举攻破奥林。如果弗兰西斯一味强硬，中了奥林的计谋，很可能早被起诉到了法院，结果就是：他负责的教育法案失败，直接失去总统的信任，而官司缠身的他也很可能丢官罢职。如果弗兰西斯一味示弱，那么奥林很可能就会趁此机会，和他死缠到底，一举把他拉下马。但是在弗兰西斯的眼里没有"失败"二字，只有手段。正是刚柔并济的手段，使弗兰西斯不但得到了马斯特斯夫妇的原谅，而且他也借此教训了政敌奥林。

在恩威并施方面曹操可以说是这方面的专家。

当年杨修在曹操的手下担任主薄一职。杨修不但文思敏捷，而且文字功底深厚，能够出口成章，在曹操的军营中赢得了不少声誉。可是，杨修这个人最大的缺点就是爱在自己的上司曹操面前耍小聪明，这让曹操很生气。但曹操是个爱才之人，所以对杨修显摆自己的行为，也是睁一只眼闭一只眼，至多暗示他别太张扬。可是，杨修不但没有收敛反而越来越张扬，这让曹操大为不悦。

后来，曹操讨伐刘备，却被半路杀出的马超拦住了去路。这可把曹操为难坏了，如果直接与马超交战，未必有必胜的把握，更别说打败马超再去收拾刘备了。如果撤兵回营又免不得会被世人嘲笑自己，这让爱面子的曹操左右为难，不知道该如何是好，伤透了脑筋也想不出最好的办法。

这天，伙夫将做好的鸡汤盛给曹操，曹操边喝鸡汤边皱着眉头想对策，士兵进来报告曹操，询问夜间巡逻的口令是什么？曹操随口道："鸡肋。"这两个字恰好让杨修给听到了，他没有作声，直接回到了自己的营帐，让自己的随从赶紧收拾行李准备回家。杨修的随从一听自己的老大都发话了，赶紧收拾行李。杨修的帐篷周围乱成了一锅粥。曹操手下的大将夏侯惇看此情景过来问怎么回事？杨修唉声叹气说："鸡肋，食之无味，弃之可惜，魏王是进退维谷，就要收兵了。"

夏侯惇听杨修这么说，便信以为真了，也回到军营赶紧让自己的将士们收拾行装，准备撤兵。顿时，整个军营乱成一团。曹操听到帐外的嘈杂声，赶紧问士兵怎么回事？士兵将杨修的话，还有夏侯惇下达命令的事情给曹操陈述了一遍。曹操听后大怒，立刻命令士兵将杨修抓过来。本来杨修给曹操的印象就不好，再加上这次，曹操必须杀鸡给猴看了。于是，曹操以“造谣惑众，扰乱军心”罪杀了杨修。杀了杨修之后曹操还不解气，也要将妖言惑众的夏侯惇杀掉。将士们一看自己的顶头上司在一天之内就要杀掉军中两元大将，实在是大忌啊！而且现在军中正是用人之际，怎么能够说杀谁就杀谁呢？将士们纷纷跪下求情，曹操这才赦免了夏侯惇。

作为军中的老大，通过杀杨修树立起了自己的威信，又通过赦免夏侯惇体现了自己的大度。曹操巧妙地通过恩威并施的手段，不仅震慑了混乱的士兵，而且稳定了军心。

在现实生活中人们为人处世、待人接物都表现出软的一方面，即使与别人产生争执，很多时候大家都抱着大事化小，小事化了的心态，就算吃了亏也会拿着老祖宗的话安慰自己“得饶人处且饶人”。可是，有时候你这样做未必就有效果，你让一寸，对方觉得你弱，你让一尺，对方觉得你怂。如果你不反击最后的结果可能就是对方蹬鼻子上脸。有时，与其好言相劝，不如一巴掌更有效。

在人们的交际活动中，该用软手段能够解决的问题就和平解决，实在无法解决的问题，最好用强硬的手段，快刀斩乱麻。如果什么问题都采取柔软的手段去解决，那么你就别指望得到公平的对待，毕竟每个人的性格、受教育的程度、为人处世的方式不同，有的人很容易将你的柔软当作一种无能。反而持有强硬态度的人，容易被看作自信、强大。因此，在现实生活中，无论是平头老百姓也好，是领导干部也好，恩威并施不失为一条好策略。

作为仕途的角逐者，要想取得更大的权力和更高的地位，手段很关键。无论你的政绩多么优秀，如果没有高明的手段来保护，那么你创造的一切都可能成为别人的业绩。要想爬上更高的位置，刚柔相济的手段必不可少。

1. 要做到能屈能伸

在日常生活中，都会遇到这样那样的问题。当遇到问题的时候，如果一味地强硬，很容易遭受挫败。如果懂得适时“屈服”一下，很可能就会避免失败，或者至少使你受到的伤害减少到最小化，这也是明哲保身最好的方法。

在一帆风顺的时候，就应该放开自己身上所有的枷锁，快速提升自己，这是“伸”。太强易受挫，太弱易被欺，刚柔相济才是真正的强者为人处世的方法和技巧。

2. 果断、自信是必备的秘密武器

果断的处事方式不仅是自信的标准，也是成熟的表现。但是如果事事都果断，不留余地，最终为难的只能是你自己。

假如别人请你帮忙，你毫不犹豫地一口答应，但你在办这件事的时候，发现事情的难度不是你的能力所能解决的，最后没有办成，这样你岂不是在别人眼中留下了“爱吹牛”的印象？所以，遇到这种情

况时，最好的方法就是采取迂回战术。你可以告诉对方这件事有难度，自己会尽力去办的，如果办成了更好，办不成也别责怪自己。这样给自己留点余地，即使办不成，对方也不好怪你。

3. 懂得利用情感的力量

社会中的等级制度十分严格，给人冷冰冰的感觉，但是要想更好地让别人为自己服务，就必须懂得利用情感的力量。你只有先让对方欠下一个人情，然后他才会用人情来偿还你。这样无疑是你控制着别人，别人才能为你所用。

暗度陈仓，占据有利地位

在权力角逐中，以不牺牲或者最小的牺牲获得最高的权位才是真正的胜利。要知道能够进入这个角逐中的人都不是一般人物，知识、胆识各方面的能力都不会太弱且相差无几，但是，即使在看似公平的竞争中依然有很多人无法避免被别人踩在脚下，成为别人高升的垫脚石，这是为什么呢？就是在策略方面出现了问题。策略一旦出现问题，不再是简单的失败，而是生死之局。有些人看似没有人脉，领导力普普通通，可是却能一路直线晋升，其实你看到的仅是表面现象，很多该做的工作他在私下已经完成了，展现在大家面前的只是一种假现。这就是人们经常说的暗度陈仓。

《纸牌屋》中彼得·罗素的最终失败就是中了道格·斯坦普的暗度陈仓之策。我们姑且不说道格这样做的真正目的是什么，单从他的做法来看就是如此。

最初我们并不清楚道格收留瑞秋的目的。当瑞秋再次出现在道格面前的时候，说自己遇到了麻烦，无处可去，也没有可以联系的人，道格从衣兜摸出钱给了她，让她先找个地方住下，然后再告诉他，这时他才知道她叫瑞秋。罗素终于下定决心参加竞选，道格来到瑞秋暂时居住的汽车旅馆，答应帮瑞秋找个安全的住处，并要求她不要再做妓女。得到瑞秋的保证后，道格再次给她一些钱，看到钱后，瑞秋开始脱衣服，却被道格拦住了，再次要求她不要做以前的事了，然后就离开了。后来，道格将她安排到了最信任的同事南茜的家里。瑞秋在一家餐馆打工，遭到老板的调戏，瑞秋拒绝后，遂被辞退。道格摆平了餐馆老板，瑞秋回去继续上班。罗素提议的“流域法案”因为克莱尔的背叛没能通过，竞选陷入困境。这时，道格帮瑞秋租了一处房子，支付了部分租金，并给她一笔钱用作买家具。瑞秋非常感动，说一定会还他。道格不要求她还钱，只要求瑞秋帮他个忙。

此刻，罗素出现在鸡尾酒会上，并和雷米·丹顿相谈甚欢，竞选的困境似乎出现了转机。一身轻松的罗素刚刚坐下，穿着暴露、妩媚性感的瑞秋出现了，几番挑逗之下，好色的罗素又一次蠢蠢欲动，瑞秋留下自己的房卡后飘然而去。几经犹豫，罗素还是来到了瑞秋的房间。在美女与红酒的诱惑之下，罗素把竞选期间戒酒的承诺抛诸脑后，端起了酒杯，一杯又一杯……一夜的狂欢后，当瑞秋拉开窗帘的时候，罗素吓了一跳，窗外已是阳光明媚。由于昨天的竞选失利，弗兰西斯给他安排了一次电台的采访，希望通过这次采访能够挽回昨天的失利。可现在距离采访仅剩半个小时了。此刻罗素的电话响了，是道格打来的，问他在哪里，着急采访找不到人。罗素只好说自己在酒店。道格说要接他，罗素怕被看到自己喝酒，急忙收拾房间里的酒瓶……

电话采访开始了，罗素拿着电话，结结巴巴，说不出一句完整的话，主持人在电话中追问罗素是否喝酒……罗素瘫痪了，最后拉选票的机会就这样错过了，那么就意味着罗素错过了州长的位置。

通过罗素最后的失败大家明白，表面上热情帮你的所谓的朋友也许背后正在向你捅刀子。要想打倒对方，暗放冷箭总比明目张胆地赤膊上阵要好得多，这样打倒对方之后，他也不会怪罪到你的头上。如果能够回过头来伸手援助一下，他还会记得你的好。如果没有击中对方要害，对方也不知道你是谁，依然可以做朋友，并能寻找合适的机会再一下子干倒对方，让他永无翻身之日。

秦朝时期，由于秦二世的暴政，老百姓生活在水深火热之中，食不果腹，衣不蔽体，民众怨声载道。在坐着等死还是站起来讨活路的选择面前，陈胜和吴广选择了站起来，高举起义的旗帜，反抗秦王暴政。陈胜与吴广的起义似乎提醒了那些无法忍受剥削的人们，很快刘邦在萧何与曹参的支持之下也举起了反秦的大旗。

当项羽率领的起义军取得巨鹿之战的胜利，刚刚挺进函谷关，刘邦带着起义军挺近关中，并且顺利地拿下了关中，然后一路向前，顺利占据霸上，秦王投降，秦朝灭亡。

项羽自封为西楚霸王，但并未按照当初的约定封刘邦为关中王，只是把巴、蜀和汉中三郡分给了刘邦，称为汉王。刘邦虽然心里很不服气，但也不得不强忍下心中不满，带着自己的手下领兵西去，马不停蹄地往汉中赶，一路上连歇息的时间也没有，因为刘邦知道项羽这种人连软禁自己的事情都能做出来，如果自己不赶紧离开，万一项羽反悔了追上来将自己绑回去怎么办？进入汉中时，刘邦听取张良的计策，命人一把火将几百里栈道全部烧毁。由于汉中边境地势险要，主要通道都是用木头架构成的，大家将这种道路称为栈道。刘邦烧掉栈道的目的除了防止项羽的兵追上来之外，还向项羽表明了他从此死也不会离开汉中的决心，先给项羽吃了一颗定心丸。

刘邦回到汉中之后，默默发誓一定要从项羽的手中夺回属于自己的江山。当他觉得与项羽决一雌雄的时机到了时，便发动了楚汉战争。

在刘邦攻打项羽之前，曾派人大张旗鼓地修复多年前曾经被自己烧掉的栈道。意思很明确，修好栈道之后再与项羽较量。项羽很快得到了这一消息，但他却不以为然，因为修复栈道是一项浩大的工程，刘邦未必有实力完成，也不可能在短期内完成，并认为等到刘邦修复好栈道的时候自己早已统一天下了，根本不足为惧。于是，项羽并没有理会刘邦，而是将自己的优势兵力集中到攻打齐国上面。

其实，刘邦表面是在修复栈道，实际上这只不过是迷惑项羽的手段罢了。刘邦采取韩信计策，早已暗中由陈仓出兵，准备攻打项羽防守最弱的领地。刘邦的突然来袭，打得项羽措手不及，节节败退。

刘邦抓住机会乘胜追击，最后，将项羽围困在垓下。半夜时分，刘邦带领着士兵高唱楚歌，项羽大惊，大声喊道："难道汉军已经占据了整个楚地？"说完瘫坐在地上，士兵们一看老大都这样了，顿时军心大溃。最后，项羽仅仅带着800多人连夜突围，觉得无颜面对江东父老，自刎于乌江。

世人皆以成败论英雄，虽有失偏颇，但不能不正视成功背后的策略和手段。刘邦之所以能击败强大的项羽，正是发挥了策略的力量。一方面用来展示自己的弱点迷惑对手，另一方面暗自按照自己的目标去操作，其实"明修栈道，暗度陈仓"就是玩的两面派，从而实现了千秋霸业。

无论是政治家还是企业家，在没有百分之百成功的把握之前，不要过于张扬。如果过于张扬很容易引起对方的戒备心，并针对你的弱点做好充分的应战准备，这样你要想速战速决的难度就会越大。

要想取得出色的成功，要想建立自己的事业帝国，就要认清当下的客观形势与时代潮流，并且能够利用客观形势，驾驭客观现实，随机应变，这就是所谓的识时务者为俊杰，只有这样的人才最容易成功。

古今中外那些权力与财富兼得的人，都懂得试探自己手下人的内心世界，通过投其所好，掌控自己的下属，让下属心悦诚服地为自己服务。当然，他们的计谋也有失效的时候，主要原因就是一个方法使用了多次，大家既然提前明白了目的，自然就会顺着你，你也就不可能得到有用的信息。反之，对于那些虚伪的、隐藏很深的人来说，要想探明他们是否对自己耍手段，不妨试试以下几种方法。

1. 学会明知故问

如果对方隐藏很深，你不妨假装不知道某一件事情的进展直接向他询问，通过他所回答的结果，判断他对这件事情掌握多少，从而了解他对该事件掌握的程度。

2. 善于抓住对方弱点

抓住对方的弱点进行诱惑，让他说出实情。每一个人都有自己的弱点，而且不止一个，比如，贪婪、虚伪、胆小、懒惰等。只要能找准对方最明显的弱点，对症下药，就一定能完全掌控对方。

3. 巧妙运用旁敲侧击

有些人一旦知道自己损害了你的利益，那么他就会尽量回避你，如果你再去询问相关问题，必然会引起他的警觉，他一丁点东西都不可能告诉你。在这种情况下，最好的试探方法，就是让与这件事毫无关系的人前去旁敲侧击，试探一下他的反应。

4. 故意泄露一点秘密

还有一种方法就是可以故意向他泄露一些关于某一件事的秘密，先看看他的具体反应。如果无动于衷，那么就观察他的细节表情，比如眼神、嘴唇、呼吸……看他是否是强装镇定。还可以暗中追查，看他在听到秘密之后，具体的行为习惯是否突然有些改变。

5. 坚持追根问底

最后的一种方法也是没有办法的办法，那就是追根问底，一个问题接着一个问题地询问，层层剥皮，直到他崩溃，交代所有的实情。

强硬铁腕，成就王者之道

职场就是战场，不是你死就是我活，毫无情面可言。如果一个人只知道一味地妥协退让，那么他一辈子只能待在底层，永远没有高升的可能性，而一个懂得使用强权铁腕的人就所向披靡，接连不断地步步高升。职场就是这样，你越是迅猛，不是说明心肠多么恶毒，而是证明你的胆识、气魄、谋略等的高明与独到。没有一个人愿意跟着一个默默无闻的领导，谁都愿意跟着一个有气魄、有胆识的领导轰轰烈烈地大干一场。人都有欺软怕硬的特性，你越退让，那么你就越可能被人提前挤出政治舞台；你越是所向披靡，那么困难就越会退缩，为你留出一条畅通无阻的道路。在职场，你不只是一个人的代表，而是一个团体的代表，你的一往无前是团体年轻的象征、活力的象征、进取的象征……所以，关键时候采取一些非常手段是很有必要的。

弗兰西斯正在为津贴修正法案能够顺利修订而努力，可是修订津贴改革法案必须经过国会的投票决定通过后，才能有效。以柯蒂斯、赫克特（即赫克特·门多萨，佛罗里达州参议员，参议院多数党领袖）为代表的共和党议员极力反对该法案的修订，虽然经过多次开会讨论，但都未能达成一致意见。后来，弗兰西斯对赫克特和柯蒂斯分别进行耐心的游说，经过一番讨价还价后，好不容易才征得了他们的同意。

但是，在国会投票的前一天，柯蒂斯和赫克特又反悔了。总统沃克得知情况后大发雷霆，立即把弗兰西斯叫过去狠狠地质问道："我还以为门多萨愿意跟我们合作。"

弗兰西斯："他愿意，问题出在柯蒂斯·哈斯身上。"

沃克："你跟他谈过了吗？"

弗兰西斯："他办公室不回我们的电话，门多萨也是——"

沃克直接打断说："我就该坚持自己的信念。"

弗兰西斯依然信心十足地说："明天下午才投票。我会尽快联系门多萨——"

沃克再次打断了弗兰西斯，气愤地说："这可是国情咨文，弗兰克，我不能陷入进退两难的境地，如果我们要现在开始重写讲演稿，我就一分钟都不想浪费。”

弗兰西斯再次保证道：“我能扭转局面，先生。”

沃克继续埋怨道：“雷蒙德说这是你的主意，做出这次妥协。”

弗兰西斯：“我建议可将其作为一种选择。”

沃克说：“他说是你逼他这么干的。他觉得这是个错误。”

弗兰西斯反咬一口，说道：“既然他强烈这么认为，他该建议你不要这么做才对。”

沃克解释说：“雷蒙德不是政客，他依靠我们的政治专长，正如我们依靠他的商业头脑。”

弗兰西斯也没忘给总统留下台阶，说道：“我们也许该等出了问题后再相互指责。”

沃克反问道：“你不觉得这是个问题吗？”

弗兰西斯坚定地说：“在问题形成前将其解决就不成问题。”

沃克看到弗兰西斯的态度这么坚定，提醒他说：“我想要一位能管理国会的副总统，而不是自不量力的人。”

弗兰西斯微笑着说：“那就相信自己的选择是正确的，先生。”

沃克再次警告道：“我的信念正在迅速蒸发。不要让政权蒙羞，弗兰克，你也是其中一员。”

此时，愤怒的总统对弗兰西斯的工作极度不满，甚至开始怀疑他是否能胜任副总统这个职位；而弗兰西斯遇到了上任副总统后第一个大难题，按他的话说就是："塔斯克在前堵截，古德温在后追击，我不能再迈错一步。山爬得越高，路途越是险恶。"

第二天，弗兰西斯天不亮就起床了，他抱着最后的希望，想再试着说服赫克特，但是没能成功。

国会议员大会马上就要召开了，可是弗兰西斯还需要10张赞成票。弗兰西斯开始跟一个个议员打电话，通过谈判、交易各种手段，最后总算拉够了选票。但是，他被提醒还可能会遇到法定人数点名（核查会议是否达到法定人数的点名，如人数不足，则须推迟会议，督促缺席人员到场）的难题。

下午，会议正式开始，随着书记员德鲁里的点名，一个个议员走入会场，道格又带着他们这边的人走了进去。

这时达到了法定人数，但是赫克特这边的票数不够。于是赫克特吩咐道："把我们的人叫出去。"

随即共和党参议员们都离开了会场，赫克特这边只剩下了三个人。

德鲁里无奈地说："总统先生，未达到法定人数。"

此时，在下面坐着的人举手示意。弗兰西斯看到了便说："本主席准许少数党领袖艾瑞克森先生发言。"

艾瑞克森站起来说："总统先生，我申请命令警卫官强制要求缺席参议员到场；并申请对未生病和未请假的参议员颁发由议长签字的逮捕令。"

弗兰西斯马上说：现在开始投票，投赞成票的请说'赞成'，投反对票的请说'反对'。"

结果只有赫克特这边的三个人不赞成。于是，弗兰西斯宣布：

"赞成票超过半数，议案通过。特此命令警卫官强制要求缺席参议员到场。"

看着赫克特三人愤怒离场，弗兰西斯得意扬扬地感叹道："回到国会的感觉真好。"

随后，赫克特来到民主党寄存室，去与弗兰西斯当面理论。弗兰西斯抓住这一时机，与赫克特达成了"通过我们握手同意的那项协议，然后我把参议院还给你"的协议。

很快，在赫克特的配合下，以赫克特为首的6个人陆续戴着手铐，被押到了国会大厅。赫克特在走之前对还在劝他不要屈服的柯蒂斯埋怨说："要不是你划清两党界限，我们就不会落到这般田地。"

随后，德鲁里宣布已经达到法定人数，可以通过修正案。弗兰西斯立刻落锤宣布："议题为H.R.934号法案替代修正案通过……"

柯蒂斯傻眼了，他没有想到弗兰西斯会来这招，不得不认输。

无论是津贴改革法案修订决议的通过，还是强留教育专家，弗兰西斯都表现出极其强硬的一面。正是这种强硬的手段，才促进了各项任务的顺利进行，也推动了他个人仕途的快速前进。如果当初弗兰西斯求着这些人按照自己的意愿去办事，估计最终的结果依然是无休止的扯皮和争吵，弗兰西斯就是累趴下了也不会有一件事能够如此完美地落幕。可见，该强硬的时候必须强硬，否则别人就可能将你踩在脚下。一味地示弱就会形成一种软弱的性格，强硬地坚持不仅是一种手段，更是一种自信与实力的体现。

这种强硬的手段该用的时候还得用，一次的失败有时候可能会使一个人失败一辈子。比如历史上的“玄武门事变”：

李世民虽然是李渊的二儿子，他的功劳却位居第一。本来亲兄弟有才能应是非常高兴的事，可是在太子李建成看来，李世民的功劳越大对自己的太子位置威胁越大，于是他联合弟弟李元吉千方百计想除掉李世民。

有一天，李建成和李元吉邀请李世民喝酒，李世民虽然知道这两位兄弟没安好心，可也不好意思直接拒绝，只能硬着头皮前去赴约。李世民刚喝了几杯突然觉得肚子不舒服，赶紧让部下扶着回到了自己的住所，刚一进屋就吐血了。李世民知道肯定是他俩在酒里下了毒，赶紧请医服药，这才算捡回一条命。

李建成多次谋害李世民都以失败而告终。他觉得之所以失败是因为李世民身边厉害的人太多了，如果将这些人拉拢到自己这边，不仅自己有了得力助手，而且也可以孤立李世民，最后再消灭掉李世民就轻而易举了。于是，李建成派人给李世民的手下尉迟敬德送了一封书信，大意就是想与他交个朋友，还送给尉迟敬德一车金银，尉迟敬德却将书信和金银原封不动地退了回去。

李建成的阴谋诡计一次次失败，让他愈加不甘心。恰好突厥来犯，李世民请愿自己带兵前去讨伐，却被太子李建成否决了，他极力推荐李元吉带兵讨伐。李渊同意了李建成的建议，任命李元吉为主帅。李元吉还向父亲请求将尉迟敬德、秦叔宝、程咬金三员大将及李世民的精兵强将都归自己帐下前去讨伐突厥。李渊同意了。

李世民身边的强兵能将都被调开了，被彻底孤立了起来。如果李建成再去消灭李世民就会轻而易举了。李世民感觉到了事态的严重，立刻找来长孙无忌与尉迟敬德商量对策，两人都建议先发制人。但是李世民顾忌到兄弟残杀不是体面的事情，肯定会遭到世人的嘲笑，他觉得先等李建成和李元吉动手的时候自己再动手也不迟。听李世民这么一说，这两位都着急了，忙劝李世民如果不先下手为强的话，就连对付他们的机会也没有了。思量再三，最后李世民还是点头同意了。当天晚上，李世民找到李渊，将李建成与李元吉联合起来谋害他的所有事都汇报了一遍。李渊听后大怒，决定第二天早朝的时候，好好追查一下。

第二天一早，李世民率领长孙无忌、尉迟敬德、侯君集等人入朝，并在宣武门设下埋伏，等待李建成和李元吉的到来。而此刻李渊已经召集了几位大臣商议该如何处理李世民反映的事情，毕竟都是自己的儿子，手心手背都是肉，如果评理不公极有可能引起新的矛盾，所以，李渊和群臣们都很谨慎。

当李建成和李元吉大摇大摆到达玄武门的时候才发现情况有些不妙，周围怎么全是李世民的人，而且虎视眈眈的。他俩赶紧掉转马头，准备逃跑。李世民边追边大喊，李元吉心虚了，先张弓向李世民射箭，但是连发三箭都没有射中。此刻，李建成也向李世民放箭，李世民立刻回击，一箭将他射下马背，当场气绝身亡。随后，李世民的伏兵万箭齐发，李元吉中箭后一声惨叫。没有想到这声惨叫让李世民的马受到了惊吓，带着李世民飞奔到了宣武门旁边的树林，李世民被树枝挂下了马背，倒在地上不得动弹。没有想到，李世民倒下的地方刚好离李元吉最近，李元吉迅速飞奔过去，他想乘机勒死李世民，却被赶来的尉迟敬德喝住。李元吉知道自己难敌对手，如果不寻求父皇这把保护伞，今天只有死路一条。于是李元吉赶紧掉头向武德殿跑去，尉迟敬德当即搭弓射箭，一箭射死了李元吉。

到了这步田地，李渊即使再生气也没用了，只好宣布李建成、李元吉阴谋作乱，命令各府将士一律归秦王指挥。过了两个月，李渊让位给秦王，自己做太上皇，李世民即位。

在玄武门事变之前，如果李世民一味地在乎兄弟情义而不提前防备，那么历史上就不可能出现这位伟大而开明的唐太宗。正是在生死攸关的时刻，他能够果断采取强权铁腕，全力搏击，才为自己争得了上位的机会。

权力斗争，变幻莫测，不仅处于劣势的人应该先下手为强，即使处于优势也应该先声夺人。因为偶然的因素很多，当对手还没有成为真正的对手之前就应该将其制服，这样才能多一些胜算。

要想成为真正的政治高手，在政治这个大舞台中能够游刃有余地施展身手，除了应该具备必备的心理素质，还应该有运筹帷幄的高超策略。政治舞台，藏龙卧虎，会有一些阴险“小人”，更有真正的政治高手，而如何与这些政治高手过招直接决定了仕途的平坦与否。下面我们就学习一下政治高手们经常采用的几招：

1. 稳

我们在与竞争对手角逐的过程中，首先了解自己。必须深刻了解自己所处的地位、背景、要面对的问题等。其次，要了解自己的竞争优势和弱势在哪里。然后，找出对方的要害，并为征服竞争对手做出一套成熟的方案，最好还要多准备一份危机预案。这样，你才能更稳妥地拿下对方。

2. 准

你要明白自己真正的竞争对手是谁。玩政治的每个人都是阴谋高手，有时候你把经常露面的人认为是自己的竞争对手，其实大错特错，真正的高手往往躲在背后，所以，要懂得识破障眼法，找准真正的政敌。

此外，还得找准最好的攻击方法，这样才能达到事半功倍的效果。否则，自己毫无目的地乱放箭，就是白白浪费精力。当真正的敌人出现的时候，你已经精疲力竭，对手不费吹灰之力就能将你击毙。

3. 狠

政治场合就是一个看不见硝烟的战场，不是你死就是我活。面对自己的政敌，要抓住机会，拼命还击，千万不能瞻前顾后。因为，在政治场合大家只信奉胜者为王。

既然认清楚了对手，就不要一拳一脚地进行试探性攻击，而是要全力以赴，一举击中要害，不给对方再次站起来的机会。

4. 快

俗语道：机不可失，时不再来。在政治角逐中不仅要考虑天时地利人和，还得懂得抓住机会。在政治高手的眼里，从来就没有真正的机会，真正对自己有利的机会都是设计出来的。所以，当遇到有利机会的时候，一定要抓住，这样就会为自己节省下很多的时间、人力、物力、财力，以最低的成本达到四两拨千斤的效果。

CHAPTER 2
上下不协调，必定水覆船翻

上下不协调，必定水覆船翻

小恩小惠，让他尝到甜头

给自己人的脸上“贴金”

制造把柄，掌控对手

懂得放权才能掌权

小恩小惠，让他尝到甜头

“天下熙熙，皆为利来；天下攘攘，皆为利往”。这句古语多少指出了人的某些本性。在“利”的诱惑面前，人们往往会迷失方向，失去原则，一着不慎就很容易被人利用，落入深不可测的陷阱之中。对于奸诈诡谲的政治高手而言，利而诱之是最常见一种手段。他们擅长利用人性的贪欲，施计用谋，巧设圈套，诱使意志薄弱者，为了区区小利，心甘情愿地为其效劳、卖命。

在现实生活中，人们见到的利诱权术，可谓是种类繁多，品种齐全。有的巧妙，有的笨拙；有的公开，有的隐秘；有的含蓄，有的露骨；有的复杂，有的简单……

为了能够让人上套，以实现自己的目的，有些人可以说用尽了各种招数。有上司设套诱惑下属的，也有下属设套诱惑上司的。更可怕的是，明明知道是个圈套却情愿上钩。有的人可能起初不知道是个圈套，可是即使知道了，也会毫不犹豫地继续跳进去。并非不可以拒绝，只因为在这个圈套里有自己想要的利益，于是你也将计就计，他也将计就计，你利用我，我也利用你，大家互相算计，互相利用。

弗兰西斯为了能够让教育法案顺利通过，与持反对意见的马蒂杠上了，而且马蒂的攻势愈演愈烈，让弗兰西斯有些难以招架。于是，弗兰西斯设计了一场苦肉计，让别人向自己家的窗口扔砖头，反过来诬赖马蒂是幕后主使。马蒂号召的教师罢工被演绎成了暴力事件，人们对马蒂的卑鄙行径纷纷进行强烈的谴责，而对处在劣势的弗兰西斯大为同情和支持。

在扔砖头事件中，弗兰西斯的司机兼保镖艾德华·密查姆恰好被克莱尔叫到家里喝咖啡，等密查姆飞奔而出时，仅看到一个身手敏捷的背影，他根本无法追上，于是便拔出手枪对准那人开了一枪，但枪声很快招来了邻居和警察。

警察怒斥密查姆在住宅小区开枪的违法行为，要将密查姆带回去调查。弗兰西斯并没有怎么向警察求情，就这样被蒙在鼓里的密查姆被带走了。很快密查姆被放了回来，但是他不能继续在国会任职了，密查姆面临失业。

为了能保住饭碗，密查姆直接找到了弗兰西斯，希望他能向自己的上司打个招呼，但遭到了弗兰西斯的拒绝。又过了几天，弗兰西斯才打电话疏通，密查姆保住了工作，满怀感激地回到了弗兰西斯的身边，但弗兰西斯要求他要做个真正的石头人。

在弗兰西斯看来，他替密查姆求情，只是举手之劳，打一个电话就可以搞定，但对于密查姆来说，直接关系到饭碗能不能保住的问题，有着非常重要的意义。弗兰西斯为密查姆留住了工作，就有恩于他，密查姆为了报恩，对弗兰西斯肯定会更加信赖、忠诚，甚至愿意为他做任何事情。这对弗兰西斯来说就是最大的安全，也正是他最想要的。

管人是一件异常困难但极具价值的事情。威廉·詹姆士说过：“人类本质里最深远的驱动力是希望具有重要性，人类本质中最殷切的需求是渴望得到他人的肯定。”猴子需要一棵树才会不停攀缘，老虎拥有一座山才能自由纵横。所以，管人用人就如同为下属种一棵树，堆一座山。在政治这个大舞台中，除了最基层的员工，几乎所有处于管理层的管理者都有自己的下属，都要处理自己与下属之间的关系。掌控了下属的利益点，就相当于掌控了权力的支撑点，有了支撑点才有稳固的政权。所以，每个管理者都要掌握一些掌控下属的方法。

管仲是春秋时期最为著名的政治家、军事家、思想家。可是他在刚担任宰相的时候，很长一段时间内没有任何政绩，齐桓公有些生气，问他是什么原因。管仲告诉齐桓公，自己现在虽然地位很高，但是依然很贫穷，一个穷人是无法指挥有权有钱的人的。齐桓公觉得管仲说的很有道理，便为管仲迎娶了三个美貌如花的妻子。

又过了很长一段时间，管仲依然没有一点政绩，齐桓公又有些坐不住了，便问管仲这到底是什么原因？管仲直言不讳地告诉齐桓公，自己虽然现在有钱了，但身份依然很卑微，没有办法管理那些身份高贵的人。齐桓公虽然心里有些不情愿，可是头都磕了哪还在乎再作一个揖呢？于是，齐桓公便任命管仲为上卿，从此，管仲正式跻身贵族行列。

管仲要想服众，权力、地位与金钱是不可缺少的，而且管仲也有意考验齐桓公的诚心。从另一方面来说，齐桓公觉得管仲是不可多得的人才，所以满足了他的一切要求，并因此通过了管仲的考验，让管仲觉得他是非常值得效力的主子。所以，后来在管仲的尽心帮助下，齐桓公成为春秋五霸之一。

要用人，就得解除人才的后顾之忧，主动替他们排忧解难，创造一个舒心的工作环境。齐桓公就是为管仲创造了一个没有任何后顾之忧的工作环境，管仲才能放开手脚大胆去干，为齐桓公出谋划策，才使得齐桓公有了后来的成就。如果没有管仲，那么在中国的史册中就不可能有齐桓公，更不可能成就一番霸业。

如果一个领导仅仅靠阴谋诡计来领导下属，那么这个领导是当不长的，他也不配当领导。一个真正有派头的领导，不仅有领导下属的智慧和方法，更要有高尚的品德。品德是成就事业的保障，如果没有高贵的品格，总有一天他的下属也会离他而去。

如果一个领导仅靠利益吸引别人，那么围绕在他身边的只会是一帮唯利是图的家伙。有利益可图的时候，他们就围绕在你身边；一旦无利可图，就会一哄而散。所以，只有依靠领导的人格魅力、高尚品格吸引而来的人才是稳固的、长久的。在领导遇到困难的时候，他们也不会轻易离开,而是紧紧围绕在领导身边共渡难关。在事业蓬勃发展的时候，也不会因为追求利益而向自己的领导提出越来越高的要求。

如果你是一位下属，面对上司的小恩小惠要特别留意，在这个世界上没有免费的午餐，他给你的小恩小惠很可能就是一个圈套，一个让你人仰马翻的陷阱。一旦你接受了它，那么就有可能受制于人，陷入身不由己的状态，你就可能成为他的垫脚石或者打败对手的工具。

那么如何避免别人通过小恩小惠来俘获你呢?

1. 谨慎对待上级的个人奖赏

如果你的上级要奖赏你，那么你要正大光明地接受，而不要暗地里接受。你宁愿不要上级领导部门的奖赏,也不要接受上级的个人奖赏。

2. 格外注意那些天上掉馅饼的奖赏

假如对于同样的成绩，平常都是些小奖赏，或者没有奖赏，但是某天突然给你一个特大奖，千万不要偷着乐，要先认真分析一下，你的上级给你奖赏的原因是什么，在这奖赏的背后到底有没有其他目的。

3. 千万不要心存侥幸

假如你不小心中了圈套的权术诱惑，要及时悬崖勒马，总结经验教训，而不要觉得神不知鬼不觉的，有一种侥幸的心理。长此以往，就会越陷越深，无法自拔，犹如陷入泥潭，最后的结局无疑是窒息而亡。

其实，判断这些降临到你头上的小恩小惠是不是陷阱，最好的判断方法就是看这些奖赏是不是能够拿到明面上来说。如果能够拿在阳光下，能在公众面前说，那么这个是陷阱的可能性就很小；如果只有你和你的上级知道，那么你就要小心了，这个奖赏背后可能就是一个无底洞，一旦掉进去，生还的可能性就会很小，一定要尽量避开。

给自己人的脸上“贴金”

俗语道：什么样的将军带什么样的兵。从上司的精神面貌能够看到下属的精神状态，同样，下属的精神状态也能够反映出上司的精神面貌。所以，在政治舞台要给自己配备一个精锐的团队，那么你就得学会包装你的团队，因为团队的好与坏直接反映出领导能力的强与弱。团队只有精良才能会勇往直前，所以，在打造团队的过程中既要学会给下属的脸上“贴金”，又要学会给下属“擦屁股”。

《华盛顿先驱报》的记者佐伊·巴恩斯因为傍上了白宫的国会议员弗兰西斯，所以她拿到了白宫内部的第一手资料，很快成为了新闻界的名人。

佐伊·巴恩斯的火，引起了报社老板提尔顿夫人的注意，她亲自来到汤姆的办公室约见了佐伊，并告诉报社主管汤姆，以后让佐伊的文章上报纸的头条，汤姆无奈只好答应了。

在提尔顿夫人看来，佐伊能成为名人，不仅是《华盛顿先驱报》的无上光荣，而且也是重要的商机。所以，她给佐伊提供更好的平台让其展示自己的才能，让更多的人通过佐伊了解《华盛顿先驱报》。

随着佐伊的重量级文章一一登在了报纸的头版头条，引起了新闻界的轰动。佐伊本人同时也引起了电视媒体的注意，随后，很多电视台纷纷邀请佐伊前去做节目。

佐伊越来越火。报社主编汤姆有些坐不住了，在他看来佐伊上电视并非是什么好事。无论汤姆是出于嫉妒，还是真的觉得佐伊年龄太小，过于张扬不利于将来的发展，他不再让佐伊上电视台了。

最后，佐伊辞职了，汤姆也不得不离开了《华盛顿先驱报》。

在工作之中，同事之间、上下级之间都会不可避免地出现各种矛盾。如何化解这些矛盾决定着单位的稳定和发展。

同事之间出现问题了，作为领导要尽量心平气和，站在公正、公平的角度去处理问题，而不是因为看哪个员工不顺眼就狠狠批评一通，或者干脆开除。这样虽然将问题解决了，但对受到偏袒的下属来说确实是致命的错误，他会把你作为“免死金牌”在单位内部祸害更多的人，当有一天很多的人因为你袒护他而离开，那么只能说明你不是一个称职的领导。

如果领导与自己的下属出现了矛盾，最好的方法就是找个恰当的机会沟通一下，当聊开了也许会发现原来只是一场误会。上下级出现问题不外乎下属觉得没有受到公平的对待，或者是领导抢了自己的功劳。从领导这个角度来说，更多的问题是觉得下属没有尽心尽力地工作。那么作为领导怎么做才能让自己的下属干劲十足呢？不妨将自己的功劳分给你的下属，多往下属的脸上“贴金”，只有这样，员工才会觉得领导理解自己、做事公平，才能调动下属更大的积极性，而作为领导再也不会觉得下属的工作效率低了。

同样，一个家庭出现“丑事”的时候该怎么办呢？

抗日战争时期，据说有一天蒋介石和戴笠去看望陈立夫，接待他们的是一个漂亮大方的少女，陈立夫介绍说这位是自己的侄女陈颖，刚从美国回来，还没有找到合适的工作。虽然蒋介石已经成家立业，而且阅人无数，尤其是女人，但是他还是被陈颖的气质所吸引，所以一会儿询问生活情况，一会儿询问学习情况。善于阿谀奉承的戴笠把一切看在眼里，在蒋介石回去之后，他就私下推荐陈颖到蒋介石的官邸做英文秘书。陈立夫自然不好意思拒绝，再说自己的侄女回国好长一段时间了都没有找到合适的工作，现在竟然有给蒋介石这样的人物当英文秘书的机会，实在是求之不得的好事。于是，陈颖进入蒋介石的官邸工作，没有多长时间就与蒋介石的关系密切起来，发展成了情人关系。

陈颖与蒋介石的这种关系很快被宋美龄发觉了。世界上没有不吃醋的女人。宋美龄虽然很生气，但是她并没有像其他女人那样冲到蒋介石的面前一哭二闹三上吊，而是毫不声张地找到了陈颖。当陈颖看到宋美龄的时候特别紧张，毕竟做贼心虚，她等待着一场暴风雨的降临。可是宋美龄显得很平和，没有一点生气的意思，她环视了一下陈颖的住宿环境，而后带着几分欣赏的眼神打量着陈颖。陈颖紧张得掌心都出汗了。宋美龄温和地说："孩子，你不要紧张，我来没有别的意思，我就是来看看你，你才 20 岁，多么美好的年华啊。女人长叹自己的命不好，可你知道吗？我们每个女人的命运都掌握在自己的手中。你这么年轻，要懂得珍惜、爱护自己。你这么年轻，人生的路还那么漫长，不要为了一时的快乐，而毁掉自己的整个人生啊！”

陈颖本来等着宋美龄一顿劈头盖脸的痛骂，却没有想到她能够如此语重心长地说出这些话，顿时哭得稀里哗啦，并承认了自己的错，希望宋美龄原谅自己。接着宋美龄从手提袋中掏出一张支票递给陈颖，让她离开这里，到适合自己的美国去发展。

陈颖的离开让蒋介石紧张了一阵子，到处打听她的下落，后来有人告诉他这一切都是宋美龄的安排。蒋介石虽然心里有些窝火，但是也不敢找宋美龄大吵一架，只是偶尔对宋美龄流露出抱怨。宋美龄回道：“我不说并不代表我不知道，我之所以不闹得满城风雨，是给你面子。”蒋介石顿时无话可说。

通过上面的例子我们不难看出，无论是在一个家庭还是政治场合，并非闹得让对方没有面子，自己才是胜利者，相反，这是大错特错的想法。俗语道：“杀敌一万，自损三千。”如果宋美龄大闹一番，不仅蒋介石没有面子，而且宋美龄自己也不会有面子。也许，在某一天会有人指着她的脊梁骨说：“听说她丈夫找小三了？她还大闹了一番，将小三的脸都撕破了。”任谁听到了这样的话心里都会不舒服。而宋美龄这种釜底抽薪的法子，神不知鬼不觉，不仅彻底清除了小三，还给自己的丈夫留足了尊严和面子，可谓是一箭双雕，何乐而不为呢？

在职场，谁也不敢保证自己不出一点问题。如果你的上司遇到了难题，你看见了该怎么处理？是装作没有看见，还是及时想办法维护上司的尊严呢？如果装作没看到，领导的麻烦说不定会越来越大，也许会影响到你的政治生涯。所以，最可行的办法就是想办法维护上司。领导大都很爱面子，尤其在乎下属的态度，甚至会以此作为考验下属是否忠心的一个重要指标。

一般来讲，领导者的面子在下列几种情况下最容易受到伤害，必须多加注意。

1. 当场指出领导的错误

有的人喜欢直言直语，这不能用来判断好坏。领导最怕的就是一旦出现失误，下属不顾及场合立马指出来。所以，当领导在观众面前说错话的时候，沉默是最好的方式。如果你不去当场直截了当地提醒，听众也许就这样放过了。就怕有些下属，一听领导说错了，立马大声提醒纠正领导，这样反而更尴尬。本来大家都没有在意的事，经过你这么一提醒，大家的注意力一下子就都集中到出错的地方，然后无限放大。

2. 挑战领导的权威

一般情况下领导都喜欢听话的员工，甚至有的领导更喜欢员工能够对自己佩服得五体投地，并且懂得适时恭维自己。同时，领导最讨厌的就是员工在自己面前出风头，显得自己比老板还牛。

还有些领导为了与员工打成一片，平时与员工走得很近，甚至称兄道弟，这样造成的后果就是淡化了领导者的权威。如果在一些重要的场合，员工在有意或者无意间还像平时那样对待领导，可能会给外人留下“这个领导没有威信”的错觉。

3. 拿领导不当领导

在很多场合，领导一直给下属强调别拿自己当领导，就当是兄弟姐妹。尽管领导这样说，但你千万别真拿领导当兄弟姐妹。如果你这样做了，倒霉的只能是自己。领导之所以能够成为领导，他有自己的做人技巧和处世原则。

当然，领导和下属考虑问题的角度也不同，下属考虑更多的是自己今天如何把工作做好，拿到应该拿到的钱；而领导考虑的是单位明天该如何发展。因为考虑问题的角度不同，解决问题、为人处世上也就有着截然不同的方法。所以，有时候领导能够理解下属，但下属无法理解上司。领导是站在高处看问题，员工站在低处看问题。因此，无论在什么场合，都不能拿领导不当干部。

4. 触及领导的忌讳

每个人都有自己的喜好和忌讳，所以才会有各自不同的性格特点，而且这些特点并非一朝一夕形成的，而是长年累月的习惯。很多时候尊重别人的喜好与忌讳，只是最基本的处世原则，但是很多人却无法做到。不顾及别人的感受，一切随着自己的性子来办事，尤其是面对领导依然我行我素，无疑是自找绝路、得不偿失。

制造把柄，掌控对手

人们在日常生活中所用的工具都有把柄，这样使用起来较为方便。比如：餐具的把柄可以避免烫手，自行车把手便于掌控方向，牙刷的把柄方便控制……但是在人际关系中我们经常听到“把柄”这个词，这种把柄就是进行交涉或要挟的凭证（如借口或机会）。有了“把柄”便于控制对方，迫使对方听从自己的话，按照自己的意思去办事。如果对方不听从，就会对外公布他的“把柄”，那么可以给对方的名誉、地位、经济等造成不可估量的损失。所以说，只要掌握了对方的把柄就相当于握住了对方的死穴，轻轻一击就可以致对方于死地。

人无完人，金无足赤。每个人都有自己的弱点，而这些弱点就有可能会成为别人控制、胁迫我们的把柄。对性格暴躁的人，一个简单的激将法就可以掌控他；对贪财的人，只要有足够的金钱就可以轻松诱惑他……在商务谈判之中，为什么要在谈判之前对对方进行详细的了解呢？目的就是通过了解对方抓住对方的把柄，好让这种把柄成为谈判的筹码，为自己赢得更多的利益。当然有些把柄是随机出现的，比如，如果在谈判中你还没有找到对方的把柄，那么在谈判之后，对方的一言一行都有可能隐藏着你想要的新把柄，而一旦抓住把柄就要穷追猛打，让对方为自己的账单埋单。如果在谈判中无法寻找到把柄，必要的时候可以通过一些蛛丝马迹为对方“制造”一些把柄，然后再通过对方的言行来证实把柄的合理性，最终让这个把柄能够为自己服务。

另外，无论是多么好的朋友，最好不要过多谈论自己的隐私。花无百日红，人无百日好。有朝一日大家反目了，你的隐私很可能就会成为他掌控你的把柄。

为了弗兰西斯在仕途上能够走得更远，妻子克莱尔甘愿牺牲自己的事业。她辞退了公司的很多员工，可是她的“世界之井”计划依然得继续实施下去，哪里能够找到最合适的人才呢？这时她想到了著名而专业的志愿者吉莉安·科尔。在和吉莉安·科尔第一次见面的时候，克莱尔详细地说明了自己的计划，并且许诺只要吉莉安·科尔答应帮助她完成“世界之井”，不仅会给她丰厚的报酬，而且也会给她很大的权力，但是吉莉安并没有当场答应而是说要考虑考虑。

有一天克莱尔登门拜访吉莉安，其实就是催促吉莉安答应自己的请求，恰好吉莉安生病了，咳嗽不止，克莱尔一副很心疼的样子，并热心地安排自己的私人医生为吉莉安看病，但是吉莉安拒绝了，她觉得自己的病并不碍事。其实，对于克莱尔的好心，吉莉安心知肚明，就是希望自己能帮她完成“世界之井”计划，但是吉莉安还是很抱歉地对克莱尔说：“对不起，我不能够帮你！”

克莱尔虽然有些吃惊，但是她对吉莉安说：“我理解你，有能力长得又漂亮，还有野心。谢尔盖和拉里这种人想要你用来装点门面。我不是买你的，我钦佩你，能让我钦佩的女人很少。我想给你施展的平台，我想帮你扫除障碍，按你自己的方式，做你想做的事。”

也许是克莱尔的这番话深深打动了吉莉安，最后她答应克莱尔的请求。

吉莉安很快加入了克莱尔的团队，并负责“世界之井”的计划。刚开始吉莉安将“世界之井”计划执行得有声有色，但是由于两人之间价值观、世界观等的不同，她们最终还是出现了摩擦。最后吉莉安以怀孕为由长期请假不上班，克莱尔一怒之下辞退了吉莉安。吉莉安以歧视孕妇为名要起诉克莱尔，这让克莱尔很有些措手不及。克莱尔不想纠缠在官司之中，多次找吉莉安想以协商的方式解决彼此的矛盾，但是都被吉莉安拒绝了。甚至，克莱尔愿意将“世界之井”计划的全部任务交给吉莉安负责，自己从这个项目中退出来，但依然被吉莉安拒绝。克莱尔将能够解决的方法都想了，可是吉莉安就是不同意，在没有办法的情况下克莱尔拿出一副破罐子破摔的架势，愿意陪吉莉安将官司打到底。其实，克莱尔一直在暗中调查，既然吉莉安不让自己过好日子，那她也别想过上好日子。功夫不负有心人，她得知吉莉安怀的是东非医生大卫·阿普勒鲍姆的孩子，而大卫已经是有家室的男人，终于找到了吉莉安的致命把柄，克莱尔决定反击。

有一天，吉莉安刚要进家门就被一个女人拦住了，这个女人不是别人正是大卫的妻子。在众目睽睽之下，她揭穿了吉莉安的小三身份，并警告吉莉安休想用孩子讹诈自己家的钱。吉莉安尴尬地跑进了家门，大卫的妻子强行推开吉莉安的门大声告诉她：“你想过你会让我和孩子们蒙羞吗？下次跟别人老公上床的时候别忘了用安全套。”

吉莉安找到克莱尔，让克莱尔解除保险禁令，否则自己无法买药安胎。克莱尔自然不承认自己冻结了吉莉安的保险，而谎称说是吉莉安自己要这样做的，并拿出了吉莉安签字的证据，吉莉安怒了，说这个签名是伪造的。

此刻，克莱尔没有正面回应吉莉安，而是问道：“阿普勒鲍姆夫人找过你吗？”吉莉安终于明白了这一切都是克莱尔安排好的。

看着吉莉安气得快要爆炸，克莱尔提出了和解的要求。

如果一个人能够帮助你、成就你，那么他也能够毁了你。永远不要认为自己踩着他的肩膀长出了丰满的羽毛，就可以飞得比他更高，甚至超过他、掌控他，更不要认为用不着他时，就忽略他的存在，甚至对他进行发难。话说不尽，路走不完，任何时候都没有绝对的事情，遇到问题，如在尽量公平的情况下有解决的可能，就趁早解决。否则等到被别人找到把柄，你将会失去更多。

要想不被别人掌控，就不要给对方留下把柄。虽然这是最理想的办法，但是我们都知道这是不可能实现的。因为，每个人都有把柄，会不会被找到，只是取决于有没有人"惦记"你，更何况为了能够控制你、胁迫你，还有人处心积虑地为你制造"把柄"。

要说历史上制造把柄的奇才，张居正应是首选。他巧妙地把一个把柄安在两个人身上的高明手段，恐怕无人能及。

明神宗朱翊钧即位的时候刚刚10岁，朝廷的大权由大臣们分割掌管，其中，宫内由太监冯保掌管，宫外则由高拱、高仪、张居正三辅臣共同掌管。但是野心勃勃的张居正不想只拥有三分之一的权力，而是想独揽大权，于是他想出了一条毒辣的计策，以实现自己的政治梦想。

张居正走的第一步棋，就是与高拱套近乎拉关系，称兄道弟。这让高拱喜不自禁，心想自己与张居正关系如兄弟一般，这样一来相当于自己拥有了朝廷三分之二的权力。为了赢得高拱的信任，只要是高拱遇到的困难，张居正都会尽心尽力地出谋划策，帮助他圆满解决，这样使得高拱越来越信任张居正了。

张居正布好第一步棋之后，暗中紧锣密鼓地进行他的第二步棋。他让一些死党扮演太监的模样混进宫去，潜伏在皇帝的寝宫周围，当朱翊钧出现的时候立刻上前刺杀。很快，这些扮演太监的刺客被抓住了，无论冯保怎么审问，这些刺客就是不开口交代幕后的主使到底是谁。冯保什么办法都试过了也不奏效，便前来向张居正请教。

张居正假装很着急的样子，连忙帮助冯保仔细分析这些刺客的来历。最后张居正的结论是这些刺客扮演谁不好偏偏扮演太监，分明是想来嫁祸冯保。冯保也觉得张居正分析得有道理，但是想不通是谁与他有如此大的仇怨呢？

冯保又仔细琢磨了下，在权臣中与自己有利益关系的只有张居正与高拱了。张居正不可能陷害自己，如果真是他的话，他就不可能引导自己往这方面想了。他突然记起平时高拱老不拿正眼看待自己，甚至在朝廷上还有多次争吵，看来陷害自己的人只能是高拱了。于是，冯保赶紧回去审问，希望刺客能够交代出实情，让自己掌握高拱派人刺杀皇帝的证据。

冯保再次提审刺客时说："我知道你是高拱派来的，只要你招出高拱，我便不杀你，而且还给你高官做。"刺客只好点头承认自己的确是高拱派来的。

神宗一看刺客承认了，心中自然很生气，但是看在高拱是前朝老臣，而且年纪也大的分上，便留他一条性命，让他告老还乡去了。

张居正借助冯保的手把高拱赶出了朝廷，接下来他要集中精力对付冯保了。张居正暗中指使刺客翻供。明神宗一听刺客喊叫着要交代新秘密，便亲自去提审。刺客交代说，原来的供词都是假的，这一切都是冯保让自己这样做的，目的就是为了逼走高拱。神宗非常生气，觉得冯保不仅在拿皇帝的性命开玩笑，而且还设计圈套打击报复自己的政敌，便疏远了冯保。

张居正制造了一个很好的把柄，通过这个把柄不仅借助冯保排挤走了高拱，而且还撂倒了冯保，可谓是一箭双雕，张居正最终实现了独掌大权的大计。

要么你特别强大，你的手下或者对手稍有行动就可能被你一下子制服，永生不得翻身，从而老老实实听你的摆布；要么你手中有他的把柄，这把柄好比是风筝线，收放的长远是你说了算，只有这样你才能掌控对手，才能掌控权力。

只要是狐狸就会有露尾巴的一天，但是有些人很狡猾，很难抓住他的把柄。下面教给大家几招，帮你逼那些隐藏“尾巴”的狐狸主动暴露自己。

1. 打草惊蛇法

要想让一个人暴露出自己隐藏很深的东西，就要有意识地进行打草惊蛇。惊慌失措之下，很容易暴露自己，而且也很容易答应你提出的任何要求。在很多影视剧中经常可以看到这种手法，特别是一些侦破片中，警察为了让那些沉默不语的嫌疑人开口说话，故意将已经知道的一些证据透露给他们，使他们相信警方已经掌握了他们的全部证据，再百般抵赖也是毫无用处的。面对强大的心理压力，嫌疑人往往会痛快地交代自己的一切罪行。

2. 引蛇出洞法

引蛇出洞这招很实用，但是也有难度，如果不能把握住火候，只能弄巧成拙，致使那些狡猾的狐狸隐藏得更深。要想引出蛇，一定要注意周围的环境状况，而且何时引蛇、采用什么方法都需要有周全的考虑。如果时间、地点、环境等考虑不清楚，操之过急的话，那些狡猾的狐狸就有可能躲藏起来。如果迟迟不动手，就有可能错失良机，再想引出蛇就必须付出沉重的代价。

引蛇出洞一定要方法得当，既能够让对手看到对自己有利的一方面，又要让一切尽在掌控之中，这样才能完美地达到引蛇出洞的目的。

3. 投其所好法

投其所好，首先要知道对方喜好什么。金钱、权力、美色……只要有喜欢的“点”，就能从这个“点”入手进行突破。金钱也好，权力也罢，只要按照他的喜好抛出对应的东西，就能很容易抓住他的把柄。抓住了把柄相当于抓住了咽喉，即使他发现自己上当了，要想脱身已经非常困难了。

懂得放权才能掌权

古语云：“禽择良木而栖，人择明主而仕，君子不寄人以篱下，不食无功之禄也。”古人都知道选对主子的重要性，何况今天的我们呢？但是在现实中，我们经常听到很多人抱怨自己的领导是如何对下属不好，下属又是多么讨厌自己的领导。当然有的领导在一些下属的眼中是坏领导，在其他下属的眼中却是十足的好领导，那么如何判断这个领导的好与坏呢？领导要有高尚的品格，否则下属心里不踏实；领导要有威严，这样才能有效管理下属；领导要有担当，当下属或者单位遇到困难的时候能够挺身而出，而不是推卸责任；要懂得爱惜自己的下属，对自己的下属充分信任……

那么，一个好的领导对下属来说有哪些好处呢？最基本的就是能够挣到钱，让员工有安全感；从领导这里能够学到为人处世的方法；从领导这里学会管理的技巧……其实，一个下属最大的收获就是能够在领导提供的平台上充分地发展，并且在这个平台上得到自己想要的东西……

克莱尔因为选择了弗兰西斯才让她从一个国会议员的妻子变成了总统的妻子。弗兰西斯冷血、无情、狡猾，而克莱尔野心勃勃。两个人相互配合，才成就了更加强大的彼此。也许最初的相识就因为臭味相投吧！

当然，克莱尔也绝非平凡人。她与弗兰西斯从来都是无话不谈，包括情人的事夫妻俩也都会分享。弗兰西斯明着扇其他政客耳光，然后克莱尔再私下用柔软的方式让他们重新归队。因此，克莱尔之于弗兰西斯，是绝不能失去的伴侣。两人曾经因为利益冲突而几近闹翻，但是弗兰西斯是绝不会让某些人成为他们夫妻俩之间的绊脚石的，而早已习惯充满刺激的生活的克莱尔，同样无法离开他。

当克莱尔与弗兰西斯的利益发生冲突的时候，一般都是克莱尔以弗兰西斯的大利益为重来要求自己，但是若以自己终身为之奋斗的利益与其他的利益进行交换，克莱尔绝对不会屈从。她是一个极其聪明的女人，深深明白哪些事可以忍让，哪些事情不可以忍让。如果无限制地忍让，自己面临的是失去工作，而没有了工作的女人就没有了金钱，没有了金钱，女人只能永远成为男人的奴隶，那么克莱尔是绝不允许这种事情发生的，因为克莱尔不想做任何人的奴隶，她只想做一个按照自己的生活方式，无拘无束生活的女人。

当弗兰西斯让克莱尔说服反对者投票给罗素的时候，雷米却找了她，提出只有不让罗素当选，桑科才愿意投资克莱尔的“世界之井”，克莱尔选择了前者。他们为此大吵一架。

但是这也没有影响他们彼此的关系。虽然克莱尔躺在亚当的怀里，却依然挂念着丈夫。弗兰西斯虽然知道妻子在别人的床上，但也没有着急催促她回来。当再次见面时，一个拥抱就化解了所有的怒气。

罗素其实是混在政治舞台上的瘾君子，他正是认准只有弗兰西斯才能帮助成就自己，才发誓戒掉一切不良习惯，他做到了，他获得了成功。虽然最终还是失败了，但是他毕竟在听了弗兰西斯的话后，为自己的仕途奋斗过。在弗兰西斯的庇护之下，他才有了参加竞选的机会。在副总统吉姆给他拆台的时候，他求助了弗兰西斯，而弗兰西斯的主意不仅让罗素的竞选有了眉目，同时也让副总统赢得了面子……如果罗素选择了其他人，可能仕途更加短暂。

一个英明的领导者应该是一个比较清闲的领导者，因为他知道如何选择适合自己的人，懂得如何给下属放权。领导放权，下属才会有权力，才能调动起积极性，高效率地完成工作。领导放权之后，他不必事事亲力亲为，只要知道当出现问题时自己应该找谁就行了，而思考该怎么做好这件事，就不是他考虑的范围了。如果遇到一个胆小自私的老板，整天将权力攥在自己手中，唯恐权力被下属夺走，凡事必定亲力亲为，不但自己劳累，效率不高，而且还会引来下属的不满。

放权就是掌权。通过放权不仅提高效率，而且还可以了解公司的每一个员工，进而用好每一个人。

郭嘉，字奉孝，颍川阳翟人。少年的时候就具备了卓识远见，他料到汉末天下将会大乱，于是他找了一个世外桃源隐居起来，但他并非不再与外人交往，他交往的对象都是英杰，所以，一般人很少知道郭嘉的大名。

在郭嘉21岁的时候，他决定出山。他觉得自己必须先选择一个明主，这样才能够真正发挥自己的才智。于是，有人建议他去投靠袁绍，当他与袁绍相处几日后，没有要留下来的意思，而是毅然决然地离开了。袁绍的谋臣觉得很奇怪，问其离开的原因，郭嘉说："明智的人能审慎周到地衡量他的主人，所以凡有举措都很周全，从而可以立功扬名。袁公只想要仿效周公的礼贤下士，却不知道使用人才的道理。思虑多端而缺乏要领，喜欢谋划而没有决断，想和他共同拯救国家危难，建称王称霸的大业，实在很难啊！"

郭嘉觉得也许自己真正出山的时机还未到来，于是，他又回家赋闲了6年。

直到公元196年。这年，曹操很看重的谋士戏志才去世了，这让他特别伤心，便委托朋友荀彧尽可能多地推荐贤才过来，以接替戏志才的位置。

荀彧将赋闲在家的郭嘉推荐给了曹操。当时曹操正在与袁绍争锋，郭嘉便进献了"十胜十败"的策略，并深入分析了该策略的优势，让曹操看到了胜利的曙光。曹操兴奋地拍着桌子说：“能够帮助我成大事的人，只有郭嘉这个人了！”郭嘉看到曹操非常珍惜人才，也善于采纳大家的意见，于是也非常兴奋地说：“这才是我寻觅的真正主人啊！”

从此，郭嘉便成了曹操帐下的重要谋士，跟随曹操四方征战、出谋献策。

曹操在官渡之战中迎战袁绍。在黎阳连战连克，将领们想乘胜追击，郭嘉却进献缓攻待变之计。当时袁绍的儿子袁谭、袁尚分别有郭图、逢纪做谋臣，二人势力相当，各树党羽，互相争斗。郭嘉预料到袁绍的两个儿子为了领地必然有一战，这一战也正是曹操的可乘之机。如果这时曹操的大军对袁绍进攻得太急，那么必然使袁谭、袁尚两兄弟更加团结，难以对付。如果暂缓进攻，这两个兄弟必定火并，那个时候正是曹操出兵的最佳时机。果真不出郭嘉所料，袁谭、袁尚两兄弟为争夺冀州而内讧。结果袁谭败北，派人向曹操求救。曹操一举拿下袁绍的老巢邺城。

后来郭嘉又为曹操设谋，彻底平定了冀州。曹操能在北方站稳脚跟，进而与吴蜀争雄，能在关键时刻做出重大决策，无不与郭嘉有关。

可惜天妒英才，郭嘉刚刚助曹操平定北方，就因病去世了。之后，曹操多次到郭嘉的墓前痛哭，为失去这样的人才而悲伤。

郭嘉为人谨慎，却能高瞻远瞩，早已料到袁绍不能成就大业，转投曹操而得以施展宏图。他的精明在于能择明主而事之。如果我们每个人都具有郭嘉这样的眼光，找到一个能为之奋斗一生的上司，该是多么幸运的一件事。只可惜千里马常有，伯乐不常有。即使伯乐有了，选取了千里马，等自己成熟了，也可能会被宰掉。可见，选取一个值得信任的领导是多么困难。

任何时候都不要独霸权力，更不能成为权力的唯一享用者。这样不等别人孤立你，自己就先把自己孤立起来了。要成为一个高明的领导者，必须先学会与别人一起分享手中的权力，这样才能为自己打造一支强劲有力的团队，这才叫真正的权力。当你遇到困难的时候，如果你的身后有一支精壮的队伍坚定地支持你，那么还有什么问题能难倒你呢？如果你一味地摆官架子、独占权力，那么还会有愿意效忠的人围绕在你的身边吗？所以，真正英明的领导宁愿要朝气蓬勃的团队，也不需要通过摆架子，甚至打压下属而独霸权力与地位。那么，该怎么做才能通过分享权力去增强领导力呢？

1. 必须明白你的下属与你是平等的

作为老板，任何时候都不要认为“你就是我的下属，我说的一切都是正确的，你们没有反对的余地，你就得听我的”，而要首先站在基于人的层面考虑，必须认识到人和人之间都是平等的。

如果一个领导整天在员工面前炫耀自己的权力，给人一种高高在上的感觉，不仅不会赢得下属的尊重，反而会引起下属的反感和厌恶。没有谁愿意为让自己讨厌的人工作。最好的方法就是放下身段与自己的下属进行平等的交流，让每个员工感受到你对大家的尊重，这样他们才会认可你，认可团队，进而更加卖力地去工作。

2. 一定得有正直的态度

有些领导有极强的思维，总能够想出出人意料的创意，并能抱着学习的态度虚心听取大家的建议和意见，而且对于公司内部的一切事情了如指掌，甚至对每个员工的个人情况都了解得很透彻，对于员工遇到的问题，总能在第一时间想出解决的方法。

而有的领导，由于工作多年有着丰富的经验，所以他们不喜欢听取别人的建议，更习惯自己下达命令要下属去执行。虽然这样也能够成功，但是长此以往，大家很可能会失去创新能力，也不再去提不同的建议，只是机械地执行各种命令。因为他们认为“反正领导有主意，我们提了也不会被采纳！”这样的领导能不累吗？

3. 提升别人就是提升自己

一个真正高明的老板不会将团队的成就归为己有，而是专注于打造团队，让团队里面的每个人都变得很强大，通过团队的强大，提升自己的力量。在组建精锐团队的时候，真正想干一番事业的老板更喜欢雇佣比自己强大的员工，并去不遗余力地支持，为他们提供展现才能的舞台，从而达到让公司越来越强大的目的。

只有那些将权力看得超越一切的领导，唯恐自己的权力被有能力的员工夺取，才会雇佣一些没想法没实力的员工。结果就是公司越来越不景气，最后只有一条路可走，就是倒闭。

4. 沟通成就你我他

有的领导喜欢保守秘密，尤其一些可能危及到他的权力地位的事情，他会尽力保密，担心知道的人太多从而威胁到自己。有的领导喜欢与员工沟通交流，遇到困难了就说出来，大家一起想办法，有了好的想法与创意，也会与大家一起分享。两者相比，后者不仅能提高办事效率，而且也容易赢得员工们的尊重。同时，员工们也能感到自己的重要价值，并为自己拥有这份工作而骄傲自豪。

可见，尊重员工，并与员工们多交流沟通、分享权力，是每个成功的领导者必备的素质。老板只有这样做，他的公司才会越来越强大。如果只想着自己的权力、地位，将权力紧紧攥在自己手中，不懂得分享权力，最终的结果只能是失去一切权力。

CHAPTER 3
手段不狠，地位难稳

手段不狠，地位难稳

尊重人情世故

制造事端，实现逆转

恩威并施，给对手制定游戏规则

拒绝成为替罪羊

尊重人情世故

在古今中外的社会变迁中，人情关系占据着非常重要的作用。当别人遇到困难的时候，你出手相助，便是人情，那么对方就欠下了你的人情，于是人情成为了人际交往中最微妙的“礼物”。

人与人之间的关系的互动和维持是靠人情的桥梁连接的，并通过人情交换来弥补彼此资源的欠缺。如果别人帮助了你，你不去回报，别人就会觉得你不懂人情世故。欠人情的一方为了寻求内心的平衡就会尽力“还人情”。对于“还”的价值是否等于“欠”的价值是无法评估的，只能依靠彼此的内心去衡量。追求人情债务的绝对平等是不可能的，也正是因为人情债务的难以清算才使人与人之间的关系得以维持和发展。

总统幕僚长琳达·瓦斯奎兹的儿子没能考上哈佛大学，她为此事求人无数都没能得到解决，因此琳达着急得如热锅上的蚂蚁。党鞭弗兰西斯看到她愁眉苦脸、工作期间心不在焉的样子，便问琳达怎么回事，这才了解到琳达的烦心事。当时，弗兰西斯并没有明说是否能帮助琳达，只是简单安慰了几句就离开了。

后来，琳达的儿子如愿上了自己喜欢的大学，琳达也知道这其中是弗兰西斯暗中帮了很大的忙。于是，她当面感谢弗兰西斯。弗兰西斯只是轻描淡写地说只要孩子能够考上自己喜欢的大学就好。但是，琳达话锋一转："你帮助我的孩子上了大学，是不是希望今后我站在你的战线上？"弗兰西斯坚决否认了自己的这个意图，只是说自己想帮助一个有梦想的孩子去实现自己的梦想。其实，弗兰西斯心中最真实的目的大家都心知肚明。后来，琳达为了回报弗兰西斯确实帮了他不少的忙。

背后说别人好话远远超过当面说人好话，因为这是喜出望外的，没有预期的。同样，弗兰西斯背后帮助琳达收到的效果比直接说要帮她好得多。这正是弗兰西斯的高明之处，也是他最擅长、最常用的手段。

杰基·夏普只是普通的白宫成员，弗兰西斯却鼓励她直接竞选党鞭，这让杰基颇感吃惊。按照自己现在的职位，要想混到党鞭的位置至少还要七八年的时间，但是弗兰西斯却列举出了杰基直接可以竞选党鞭的理由：特勤处背景、历史清白、面容上相，面面俱到，更重要的，她是个无情的实用主义者。也许是这个建议，激起了杰基的欲望，但是只靠自己目前的实力是难以实现的。

杰基从小就认识国会议员泰德·海夫梅尔，向对待父亲一样敬重他，而泰德也很照应杰基，并帮她进了西点军校，还资助了她的第一次竞选。泰德有个女儿叫艾米丽·罗德里格斯，但这个女儿是他跟保姆的私生女，而且还患有大脑性麻痹。为了不影响自己的政治生涯，泰德将这个私生女让别人替他照顾，外界从来都不知道他还有这么一个女儿。他很信任杰基，自从他的这个女儿出生后，就请杰基代他去探访。有次在吃饭时，杰基告诉泰德她去看望了艾米丽，并且给泰德看了艾米丽的照片。泰德看过照片，然后问杰基是不是想参加竞选党鞭。杰基似乎有些吃惊，表示自己虽说想当党鞭，但并没有打算参加竞选，再说她并没有那么多资金。

泰德答应杰基自己愿意出钱资助她竞选，并认为她无人可挡。

于是，杰基宣布竞选党鞭。

正是这种人情关系在社会中约定俗成地形成了一种约束力。常言道："拿了人家的手短，吃了人家的嘴软。"说得直白一点，就是欠了人情之后心里觉得亏欠别人，只有偿还了才会觉得心安理得。来而不往非礼也，正是这种社会观念，才形成了人与人之间的互动，才让人与人之间不再孤立。也正是人人都讲人情，才使得这个社会充满了友情，让人们少些冷漠，让社会更加和谐。

公元613年，隋朝末期。

那时天下动荡不安，民不聊生，各路诸侯都在谋划瓜分天下的计策，盯着这块巨大肥肉的除了各地强大势力还有一位叫王世充的地方官吏。他虽心急如焚，可也知道自己心有余而力不足。通过对自己各方面的仔细分析，他明白自己的实力还不足以夺取天下。他需要的不仅是天时地利，更需要人和。他开始一点一点地谋划，笼络人心，扩展自己的势力。在当时的社会环境下，才能过人的乱世英雄终会有一席之地，是否成功也只是时间问题。

王世充站在城楼上放眼望去，混乱的街道上到处都是打架斗殴的百姓。吃饱是他们活着的唯一目的，他们为了填饱肚子不惜拼命，甚至去杀人放火。官府的监牢里关满了用武力解决问题的老百姓，即使被关在阴森的监牢里，他们也不省事，每隔几天就会闹事。王世充看到了这一切，他认为在这兵荒马乱的年代，如果让这些不要命的老百姓上战场，一个人绝对能抵过好几个士兵。于是，他想出了一个利用自己的职权去笼络这些不要命的老百姓的方法。他匆匆走下城楼，身后城楼上的旗子被风吹得放肆地飞舞着，而这次没有硝烟的战争成功地开启了王世充的“人和”。

在其位，谋其政。王世充刚好能利用自己的地方官吏身份，对这些闹事的老百姓进行分批审判，然后以大事化小、小事化了的方式让他们重新获得自由。很多闹事的老百姓没想到能遇到这样的好官，心里充满了感激。有一个威猛的男子激动得当场发誓说，以后只要王世充一声召唤，他上刀山下油锅也绝不犹豫。有了第一个人的表态，消息很快被传播开来，越来越多的人都带着这样的感激之情纷纷表示，只要王世充需要，他们都愿意拧下脑袋跟他去干一场。见此情景，王世充的眼里充满了泪光，在表示感谢之余，向他们道歉说自己这父母官当得失败。实际上，他的心里早已乐开了花。

君子坦荡荡，小人长戚戚。在这样的乱世想做到“坦荡荡”，必须先过“长戚戚”这一关，谁能否认这一点呢？王世充之所以能一步步地往上走，除了他隐藏极深的计谋外，大家看到的全是坦荡荡的形象，所以，他在天时、地利刚好的时刻才会走得如此顺利。

没多久，隋朝的各地势力纷纷举起旗子造反，其中，杨玄感的威望最高、影响力最大，实力达到十多万人马，消息传到帝都，满朝文武议论纷纷，隋炀帝更是坐立难安、彻夜难眠。

这时，一直储备实力的王世充察觉到自己崛起的最佳时机到了，他开始打着王军的旗号明目张胆地招兵买马，消息传来，曾受他恩惠的老百姓们纷纷报名参加。王世充以强胜弱，逐渐攻占了敌军最弱的地区，同时壮大自己的队伍。这样的策略让王世充的胜率非常高，每战必胜的他很快赢得了隋炀帝的支持。对于打胜战得来的财物王世充分毫不取，全部按人头数分发给部下，而且上表炀帝让其加封许多立功显著的士兵，他的部下对他的行为钦佩得五体投地，士气更加高涨了。

其实他一开始就想得很清楚，只有让自己的军队成为最强的一支才能站稳脚跟。乱世年代权力就是能力，大权握在自己的手里，进退自如，既不会坏了名声，又不会因自己权力过大而被隋炀帝杀害，这种方式让深得人心的王世充很快建立了自己的势力范围。在大好江山面前金银珠宝、加官进爵都是身外之物，他想要的不只是这些。

没过多久，王世充就歼灭了杨玄感。此时王世充的名字和他的战功一起在老百姓的口中争相流传。王世充的军队日益壮大，当仁不让地成为隋军中最为强劲的力量。

王世充正是通过宽大处理犯人，使这些人欠下了他的人情，为了回报他，这些人甘愿为其掉脑袋，所以才壮大了他的实力，成就了他的事业。如果当年王世充没有想到这一计谋,那么就不存在还人情的事情，在最关键的时候就不可能有这么多人为其挺身而出，也就意味着历史上将不可能有王世充的墨迹。

在现实社会中，如果一个人的人情关系多，就意味着他的朋友多、路子广，那么他的发展速度也就会越来越快，道路越加平坦，前途更加光明。而那些不善于处理人际关系的人，发展速度就会越来越慢，道路越走越窄，直至最后无路可走。那么，在处理人际关系时，该如何对待人情世故呢?

1. 重新划定为人处世的标准

由于我们面对的人情世故很多，所以在处理人际关系时很容易陷入枷锁之中，并且将一些原则问题与人情混为一谈。当别人求自己帮忙的时候，明明知道自己帮不了忙，可是为了人情可能还会勉为其难地答应对方，最终为难的只有自己。如果拒绝了对方，则有可能会被扣上不懂得人情世故的帽子。

所以，为了不让自己为难，不被别人误解，必须在人情与事情之间按照原则画出一条线，必须清楚哪些事自己可以办，哪些事不可以办。

2. 不要逃避你的人情关系

每个人都有自己的强项和弱项。如果面对自己能够办到的事情，你就要尽力帮助别人，这样哪天你需要帮忙的时候，别人才有可能出手帮忙。如果对于自己办不到的事情，就尽量拒绝，实在无法推辞的请求，要找一个恰当的理由给自己留下余地，这样才不会让人觉得你不通人情，也不会过多地伤害对方。

3. 用人情的时候一定要分清公与私

对于自己有支配权的资源以公平的法则来处理，对于自己无法支配的资源只能依靠人情来处理。这在实施过程中有很大的灵活性，因人而异，因事而异，切不可成为人情的掘墓人。

制造事端，实现逆转

当一个人在仕途中处于劣势的时候，唯一的办法不是沉默，而是抗争。抗争的时候要讲求策略和方法，要让自己的劣势变成优势。

人们经常说，会哭的孩子有奶吃。当你处在劣势的时候，如果你不哭不闹不折腾，别人就有可能看不到你的真实处境，即使你早已苦不堪言，别人也许还会认为你的处境一直不错。只有你站出来诉苦，别人才能看到你的苦、理解你的苦，才有可能将援助的双手伸给你。为了让你的困境更显得突出，必要的时候必须付出一定的代价。只有这样才能赢得对方的同情，别人才愿意向你伸出援助之手，你才能真正走出困境。

当然，如果你面前没有这种“困境”的时候，就有必要制造“困境”，因为机会不是从天而降，都是设计出来的。在《纸牌屋》中弗兰西斯就是因为很好地利用了这一招，不仅让自己主导的教育法案顺利通过，而且真正走出了政敌设置的一个个困境，也为自己成为总统奠定了坚实的基础。

弗兰西斯为了能够让新的教育法案顺利通过，联合各方势力进行力挺，但是却遭到教师工会说客马蒂的强烈反对，马蒂也联合教师团队阻挠该法案的通过。为了在媒体和公众面前挫败弗兰西斯，马蒂在电视台的辩论赛中给了弗兰西斯一个下马威，但仍觉得不过瘾，在弗兰西斯的夫人克莱尔举行的露天义卖会上，想再次打击弗兰西斯，他花钱请了200多人冒充老师在拍卖会的大门之外举牌抗议。这次拍卖会到场的与会者大都是政界要员、商界巨贾，因此这次拍卖会的成功与否直接关系到弗兰西斯的声誉和面子。马蒂要的就是这样的机会，给弗兰西斯造成致命打击，好让教育改革法案流产。但是，马蒂还是失望了。200 多人在大门之外站了三四个小时，喊了三四个小时，早已口干舌燥，丝毫没有影响拍卖会的照常举行。弗兰西斯识破了马蒂的阴谋，和夫人带头端着食物，走到街对面分给这些饥肠辘辘的示威者。早已饿扁的人们看到好吃的来了，纷纷扑上前去，将抗议弗兰西斯的事儿忘在了脑后。于是，马蒂精心组织的抗议活动最终以失败告终。

新教育法案的通过是损害了一些人的利益，但是从长远利益来看，确实是利国利民。面对以马蒂为首的一些人的抗议，起初弗兰西斯只是退让，他没有想到马蒂会一直步步紧逼。最后，弗兰西斯决定不能再退让了，必须变被动为主动，只有这样劣势才能变成优势。

这天晚上，弗兰西斯和夫人克莱尔刚回到家，克莱尔邀请保镖进屋喝咖啡。进屋后，刚端起咖啡，一块砖头就从窗口飞了进来，玻璃碎片到处乱飞，差点砸到弗兰西斯和克莱尔。保镖闻声追了出去，可还是晚了一步，只好对着行凶者逃跑的背影开了一枪。

很快，弗兰西斯和夫人克莱尔出现在媒体面前，控诉行凶者的可恶罪行，虽然弗兰西斯并未提及马蒂，但是媒体还是联想到了弗兰西斯的政敌马蒂，甚至在媒体上直接追问马蒂是不是因为教育法案的事情指示自己的手下砸国会议员家的玻璃。虽然马蒂否认了，但是在弗兰西斯的操作之下，记者佐伊将这一切都归罪到了马蒂的头上。这篇报道被很多媒体转载，大家对受害方弗兰西斯和夫人的遭遇深表同情，对马蒂进行了强烈的谴责。马蒂被逼无奈只好出面向弗兰西斯夫妇道歉。在大家的支持声中弗兰西斯主导的教育改革法案顺利通过……后来，弗兰西斯才承认“砖头事件”是自己导演的闹剧。

可见，当处在劣势的时候，坐以待毙并不是好方法，应该及时转变思路，让自己的劣势变成优势，当然前提是要付出一定的代价，而付出的代价越大越能获得别人的同情和支持。这种计策之所以能够顺利实施，是因为一般人的思维定式是“人不自害”，所以利用这一心理定式，造成受迫害的假象，以迷惑和欺骗敌人，或打入敌人内部，对敌人进行分化瓦解或给予致命一击。

南宋时，金兵南侵。

大将金兀术与岳飞在朱仙镇摆起了生死决斗的战局，金兀术的义子陆文龙是金军最勇猛的战将，而且，他手下的将士也十分善战，将士们都说有陆文龙在他们就能所向无敌地去拼搏。面对如此强大的劲敌，宋军一时难以取胜，战况陷入僵局。一日，岳飞正在焦头烂额地思索破敌之策，这时将士王佐脸色惨白地走了进来，只见他的右臂已被砍断，刚略微止了下血。岳飞见此景连忙起身奔去，问发生了什么事。原来王佐打算假装投靠敌军，去策反陆文龙，为了取信于金兀术，这才斩断了自己的右臂。

当年，金兀术攻陷宋朝潞安州时，当时的节度使陆登夫妇双双殉国。金兀术就将他们的孩子掳至金营，并收为义子。这个孩子就是陆文龙，而他对自己的身世还一无所知。王佐此番只身进入金营，就是要去告诉陆文龙这个惊天秘密。

随后，王佐连夜来到敌军的营帐，跪在地上悲痛万分地对金兀术说自己曾经是杨么的部下，杨么失败后他只能归顺了岳飞，因为建议和金军议和惹怒了岳飞，岳飞一气之下斩断了他的右臂，并命他来此通报，即日岳家军要生擒狼主，踏平金营，若不去通报就斩断他的另一只臂。金兀术见王佐此刻的惨状十分同情，就把他留在了营中，还给他取名“苦人儿”。

王佐利用可以在金营自由行动的机会，先找到了陆文龙的奶娘，说明了自己的目的，又问当年金兀术杀了陆文龙的双亲而他为什么还为金军出生入死，并且表示，如果陆文龙和奶娘投靠宋军，绝对会保证他们的人身安全。他很快说服了奶娘，然后他俩一同向陆文龙讲述了他的身世之谜。陆文龙听到真相后，悲痛万分，当时就要冲出去找金兀术拼命。

王佐赶紧拦下他，并劝诫万万不可冲动行事。就在这时外面传来士兵们的叫喊声，他们出去一看得知，金兵运来了一批轰天大炮，准备深夜袭击岳家军营。陆文龙深知大炮的威力，满心都是为父母报仇的他急忙用箭书向岳家军报了信。得知情报后，岳飞下令留下军营，所有人撤到千米之外的土坡上，这才侥幸躲过了致命的袭击。

王佐趁金兀术大发雷霆之际，带着陆文龙和他的奶娘抄小道逃回了宋营。当金兀术找不到陆文龙和奶娘时，又接到报告说王佐也消失了，这时他才明白自己中计了。金兀术痛失养子的消息很快在全军传开，而得到猛将的岳家军趁机反攻，最终金兵的这次南袭以失败而告终。

车到山前必有路，没有完全失败之前随时都有机会扭转乾坤。而且，计划永远赶不上变化，笑到最后才算赢，而一开始就做错的人注定赢不了。

无论是弗兰西斯设计用砖头砸自己家的玻璃还是王佐自断一臂，使用此类计谋时一定要小心慎重。因为施行苦肉计，首先要进行自我伤害，有时这种伤害是非常痛苦的。苦肉计不仅是一个苦计，而且还是一个险计。如果敌人多谋善断，不但要白白忍受自我伤害之苦，说不定连生命也难以保全。

职场斗争使上下级之间产生各种隔阂，从而导致派系林立，矛盾重重。下级想利用自己与上级的亲密关系牟取渔翁之利，上级也想利用下级之间的矛盾浑水摸鱼，巩固自己的地位。即使你不愿加入争斗，被迫夹在中间也难免逃脱厄运。因此，无论你是主动出击或是自保而采取制造事端的策略，为了确保政治生涯的游刃有余，就要注意以下几个问题。

1. 了解对方的弱点

要想制造事端，将自己的劣势转化为优势，从而打倒对手，首先要了解对方的弱点，因为从对方的弱点下手最省时省力，而且能够达到最大的效果。

2. 充分的准备工作

准备工作主要分两部分，一部分就是前面所说的了解对方的弱点，另外一部分就是在采取措施、行动之前必须要做的准备工作。比如时间、地点、人物选定等等。

3. 要有应急策略

由于制造事端，本来就是无中生有，有很大的欺骗性和虚假性，所以很容易暴露。因此，在采取此策略的时候一定要做好紧急预案，一旦发生意外，能够救急，减少损失。

4. 致命的打击

大家都知道政治场就是无烟的战场，一旦想制造出事端，扭转时局，那么就必须要给对手以沉重的打击，让其无回天之力。如果一拳一脚地试探，一旦惹怒对方，有可能在自己还没有下手之前就被对手灭掉了。

恩威并施，给对手制定游戏规则

在处理社会矛盾的时候，我们会与不同的人打交道，有的人吃硬不吃软，有的人则吃软不吃硬，那么针对不同的人就要采取不同的应对方式。恩威并施就是其中最为管用的一招。这招不仅用在复杂社会中有奇效，而且用在教育孩子方面也照样适用。一个完美而理想的家长形象，应当是严厉和慈爱兼有的。有慈爱，会让孩子感到温暖，再施予威，不让孩子太过放纵，这才是成功的教育方法。

同样，领导面对下属犯错，如果一味地放纵，会让下属觉得领导好说话，很可能会变本加厉。如果领导过于严厉，那么下属会觉得领导难以相处。该怎么做才能既让下属认识到自己的错误，又能吸取教训呢？最好的方法依然是恩威并施。

“提高退休年龄，会对美国梦造成无法容忍的侵蚀。如果共和党未能借由要求津贴改革来通过合理的综合性方案，他们将迫使联邦政府进行开销冻结……”这是《纸牌屋》中总统沃克动员津贴改革的讲话。

意思就是如果津贴改革不成功，那么政府的开销就有可能被共和党冻结，政府将面临“停摆”。这意味着要说服大家接受津贴改革是当务之急。弗兰西斯揽下了这个极具风险的难题。

虽然说改变就是进步，经常改变可造就完美，但是由于改革牵扯到更多人的利益，于是每个利益方都想保持现状而不是变动。在说服雷蒙德、柯蒂斯、赫克特等人的时候，弗兰西斯遭到了碰壁，谁也不愿意接受津贴改革方案，尤其是议员唐纳德大为反对。因为曾经的教育法案是他负责的，但是弗兰西斯为了自己的利益故意泄露教育法案的内容，使得唐纳德不得不妥协退出，这件事让唐纳德耿耿于怀。现在弗兰西斯要想让他支持津贴改革，他会同意吗？当然不会。虽然弗兰西斯承诺只要让津贴改革法案通过，将给大家一些补助，但是唐纳德很坚决地称：“靠呼吸机维持生命，还不如死亡有尊严！”

弗兰西斯这次改变了以往的坚决果断，将唐纳德请到自己的办公室温和地道歉：“我们能够重新来过吗？我能向你道歉吗？”但唐纳德依然坚持，对于曾经发生在自己身上的事难以释怀，回答说：“我之前主动退出了教育法案的制定，是我的错，但我绝对不会再犯同样的错误！”

弗兰西斯似乎压抑不住自己的愤怒：“你这么固执，比茶党好不到哪里去！”

唐纳德强调道：“但不同之处在于，我们是对的！”

最后，唐纳德声称：“我不同意改革是为党的尊严而战！”

就在弗兰西斯与唐纳德争得不可开交，唐纳德打算离开的时候，一件意外的事情发生了，这就是“白粉事件”。白宫的工作人员收到了一份邮包，打开之后，散出来的全是白色粉末。顿时，整个白宫紧张起来，封锁现场，关闭所有的房门，检查白色粉末到底是什么东西。

唐纳德被关在了弗兰西斯的办公室。弗兰西斯与唐纳德都在第一时间给妻子通报了这一紧急情况，放下电话后，他们两个都安静下来了，稍作沉默之后，就像两个没有积怨的兄弟一样，心平气和地谈家庭、谈孩子、谈过去的往事，起初连咖啡也坚决不喝的唐纳德这次与弗兰西斯喝起了酒，他们谈到了彼此不喜欢的人，最后不知不觉谈到了老年痴呆症，弗兰西斯说自己想给这些人群拨一些款，让他们能够生活得好些。

突然唐纳德暴跳如雷，原来唐纳德的妻子得了老年痴呆症，他认为弗兰西斯是想通过这种方式来讨好自己，然后让自己对津贴法案进行让步，这无疑严重伤害了唐纳德的尊严。

而且，唐纳德认为津贴改革方案中拖延退休年龄这项内容，只能让更多的人死去。而弗兰西斯认为拖延退休年龄，节省经费，可以用这些节省的经费搞医疗研究，拯救更多的病人……

谈判谈出了火药味，就在此刻警戒解除，唐纳德恨不得飞出弗兰西斯的办公室。但是弗兰西斯还是不忘再次的努力："我会拨款的。"

唐纳德："我依然会投反对票。"

弗兰西斯说："随便。"

弗兰西斯从最初的道歉，到后来的吵架，再到心平气和地谈心聊天，甚至提出给老年痴呆症患者拨款，就表现出了恩威并施的策略，甚至可以认为"白粉事件"都是他一手自导自演的闹剧，为了与唐纳德找个充足的时间好好说服他。如果不是不得不留在封闭的办公室，唐纳德可能早就甩袖而去了，但是被"关"在这里，弗兰西斯就有充分的时间去说服唐纳德。

弗兰西斯不愧为政治高手，当被唐纳德识破的时候，弗兰西斯还要强调一下：我会拨款的。似乎在为自己被识破挽回一点面子！

北宋真宗年间，契丹国奏请宋廷，除了今年原本要支拨的钱物外，希望额外再借一笔款，并且编造了一些莫须有的谎言来说明契丹国这一年的亏损。宋真宗面对如此贪得无厌的契丹人非常恼火，但也不敢直接在契丹使者面前大发雷霆，只得以吃饭时间到了为借口支开契丹国的代表，然后匆忙找来宰相王旦商量对策。

王旦听后，建议可依契丹国的要求。察觉到宋真宗的异样，他立马下跪解释原因。他说，其一，现在举国上下都知道皇上马上要去泰山封禅了，契丹肯定也知道，他们是想借这事试探朝廷。如今边境形势严峻，他们若要采取相应行动阻挠宋真宗去泰山，是轻而易举的事。其二，可以提前说清楚这是借给他们应急的，若不能及时归还，将在明年支拨的银两中扣除。王旦的办法可以表明，不是因为害怕宋廷才应了契丹国的要求，而是因为诚信和皇上的仁义，既维护了宋廷的面子，也让动机不纯的契丹国感到十分羞愧。次年，到向契丹国拨款时，宋廷依然按旧例照发，但声明这种行为下不为例，这让契丹国王对宋廷此举心怀敬佩。这些银两对朝廷而言九牛一毛，但王旦通过这笔钱，恰当地处理了边界的棘手问题，真的没有愧对宰相的头衔，让人心服口服。

同样，王旦在处理骑兵兵变一事上，他也表现出了恩威并施的一面。

那时，指挥官吏张敏奉旨训练骑兵，没有奖赏且军令过于严厉，这种只有惩罚没有奖励的制度是无法让人折服的，骑兵们难以承受这样的管理，于是私底下谋划兵变。宋真宗得知后亲自召集大臣们商议对策，朝臣们纷纷表示，若责怪张敏会使今后的将帅没有威信，若处置谋划兵变的人会造成京城百姓的不安和恐慌。在大家不知所措之际，只有王旦面带微笑，宋真宗问他为何如此淡定，王旦奏道，要宋真宗任命张敏为枢密使，虽解除了他的兵权但官职升高了，谋反的士兵得知他离开自然能看懂朝廷的意思，事情自然会平息。

通过这两件说小也不小，说大也不大的事情，可以看出宰相王旦采取的是包容、顺从的处理办法，同时懂得绵里藏针，不声不响地化险为夷。

每一次历史的更迭，都会成就一个新的开国元勋，而且被后人不断地称颂。因为他们能够取得天下，依靠的不仅是自己的聪明才智，而且有他人的力量。因为他们更懂得恩威并施，懂得赢得民心，才会进而赢得天下。而那些最终失去权力地位的领导者，并非是缺少人力，而是缺少对人的管理理念。他们更多的是施威，百姓无法感受到恩，在老百姓的眼中就是暴君，所以，老百姓才会联合起来推翻他们。可见恩威并施对一个国家的领导者是多么重要。

有效地管理企业，既要懂得刚性管理，更要懂得柔性管理。刚性管理也就是一些原则性的问题，比较容易管理，只要按照规章制度进行奖惩就可以了。最难的就是柔性管理，因为柔性管理并不是排斥管理中的刚性成分，而是对传统管理方式中强硬、重物轻人、手段单一、缺乏弹性等缺点的辩证否定，是在保持适度刚性的同时，尽可能地提高管理的柔性，使组织管理刚柔相济，更灵活、有效。

1. 管理要以人为本

刚性管理一般就是人们说的制度化管理，制度怎么要求就怎么管理。而柔性管理则是一种以人为本的管理方式。管理讲究人性化，不会依靠外力，而是依靠人性的解放。公平公正，责任明确，进而激发了员工内心的主观能动性，使他们能够充分发挥自己的创造性思维。在这样的条件下，员工的心情始终是愉悦的，工作起来也更加积极主动，从而为企业创造最大的利益。

2. 激励要有效果

谁都愿意听别人的赞美，谁都愿意受到老板的奖励。柔性管理，可以满足下属的这个需求，让下属工作有成就感，充分激发下属的创造性和积极性，具有有效的激励作用。

3. 影响的持久性

柔性管理能够充分调动员工工作的积极性，并且能够将领导分配的工作任务转化为内在的动力，让下属感到不是为了工作而工作，而是为自己而工作，为自己的未来而工作。

由于每个下属的素质和性格各有所异，在价值观方面也大不相同，所以对于柔性管理的体会和认识，及接受的程度也不相同，但是经过长期的熏陶，他们也会逐渐转变观念，朝着共同的目标前进，这样激发出来的能量才是最持久的。

拒绝成为替罪羊

在《圣经》中有这么一个传说：上帝为了考验亚伯拉罕的忠诚度，让他带着儿子以撒来到一个指定的地方，并将以撒杀掉用来祭祀上帝。忠实的亚伯拉罕带着儿子来到了指定地点，拿出随身携带的刀正要刺向自己的儿子的时候，突然出现的天使立刻阻止了，并对亚伯拉罕说："我现在知道了你对上帝的忠心，你不要杀你的儿子了，前面的树林有一只羊，你去杀了它来祭祀上帝吧！"于是，亚伯拉罕便把树林中的那只羊抓来杀了，代替他的儿子献给上帝。

这就是西方世界中关于"替罪羊"说法的由来。不过在中国的字典里"替罪羊"则指代替他人受过。无论是自己身处险境找人代替自己脱离困境，还是自己被别人当替罪羊，都是在这个现实而残酷的社会中最常见的一种现象。

在就职典礼上，新当选的总统沃克承诺以孩子为重，首先就要在100天内对综合教育改革法案进行投票，来展现新政府的高效率和以民为重的施政纲领。用总统幕僚长琳达的话就是：我们需要能够通过的法案。

弗兰西斯打算以教育改革作为自己登上更高舞台的第一块垫脚石，他必须交出一份满意的成绩单，以换取总统的信任。

弗兰西斯一边催促教育法案的负责人唐纳德赶紧制定教育法案改革的内容，一边应对总统的压力。但为了能使教育改革法案顺利通过，他需要寻找一个人来转移视线，此时，弗兰西斯看到了最合适的人选唐纳德。

当唐纳德拿着自己修改了N次的教育法案让弗兰西斯提意见的时候，弗兰西斯看也没有看，就把教育法案扔到了碎纸机里，并告诉唐纳德这个方案根本不可能通过，让唐纳德再去重新修改。虽然唐纳德有一肚子的委屈，但是最后还是默认了。

当唐纳德走后，弗兰西斯赶紧从碎纸机中找出还没有完全粉碎的教育改革方案，秘密交给了急需寻找重大新闻线索的《华盛顿先驱报》女记者佐伊·巴恩斯，很快《华盛顿先驱报》

头版头条详细刊登了教育法案的详细内容，众多报纸媒体进行了转载。

顿时，民众引起一场轩然大波，都强烈谴责教育法案内容的不合理性。此时，弗兰西斯将唐纳德叫来批了一通，意思是如此绝密的教育法案怎么会流传到报社去，引起民众的如此大的反响对将来教育法案的顺利通过会造成巨大的阻力。唐纳德有口难辩啊！自己作为负责人怎么可能将如此绝密的文件泄密呢？可是想责怪弗兰西斯又找不到理由，因为曾经那份草拟的教育法案早已被他扔进了碎纸机。

当弗兰西斯主动提出由自己来承担责任的时候，提案的负责人唐纳德虽觉得很委屈，但正直的他宁愿“壮烈地牺牲”自己，也不要一辈子背负着对弗兰西斯的愧疚，于是担下了这次泄露事件的所有责任。其实，弗兰西斯只是嘴上说说罢了，他太了解他的这位同僚了，不可能让自己“背黑锅”的。同时，他必须赶走这个教育改革左派，这样才能保证改革法案的顺利通过。

当唐纳德决定承认一切责任的时候，弗兰西斯终于问出了最后一个重要问题：“那要找谁替代你呢？”唐纳德此刻似乎有些醒悟了，眼前这个刚刚还提出自己要承担责任的人，也许就是始作俑者，但是此刻还能怎么样呢？只有承认错误，然后走人。

民众的眼光一下子转移到了唐纳德的身上，唐纳德无辜牺牲。这之后，大家对教育法案有了更大的期待。也对接手教育改革法案的弗兰西斯寄托了更大的期待，一旦教育法案成功通过，就会有更多的功劳记在弗兰西斯的头上，这对他今后登上更高的职位是巨大的资本，可以说是他政治生涯的助推器。

每一个政治家都是变色龙，他们在不同的场合变换着角色，耍不同的阴谋，玩不同的把戏，但最终的目的只有一个，就是维护自己权力地位的最大化。如果没有遇到相互匹敌的对手，那么这些政治家就会将自己老奸巨猾的一面稍微收敛，尽量将自己善意的一面展现出来。而当遇到强大对手的时候，这些政治家则会不择手段地扳倒对方，或者让对方成为自己的替罪羊。当然这些狡猾的政治家会做得不显山不露水，甚至让对方做了替罪羊对方还不知道，还会以为他是自己的恩人。这样的政治家才是真正的高手。

靖康元年，天下大乱，一直向朝廷上书主张武力对抗的秦桧竟然坚定主和，很多人都疑惑强硬派的秦桧怎么当了墙头草？真正的原因是，一向善于察言观色的秦桧认识到上书的主张要顺圣意才是上上策。

绍兴八年十月某天退朝后，在宋高宗赵构的脸上察觉到些许犹豫的秦桧独自留了下来，他要弄清楚对于这样的时局，在主战和主和之间赵构心里真正倾向哪边。此时，赵构的心里也非常矛盾。如果主战，如今金国这么强大能不能战胜还不一定，若是败了，肯定是国破人亡；若是战胜了，灭掉金国后势必要迎接皇兄回朝，到那时不知道自己的皇位还能不能保得住？如果主和，虽说会落下骂名，但至少能保住皇位，还能母子团聚，可恨的是朝中那些主战的大臣非常顽固，尤其是岳飞竟然还提出要“早定皇储”。

秦桧见赵构一时还无法下定决心，就建议他再考虑三天。其实，秦桧已经知道了皇上的答案，三天后再商议是战还是和已经不重要了，他需要做的不是等待，而是帮助皇上下定决心。于是在这三天里，秦桧详细列出了议和事宜，同时让自己一手提拔的台谏官，弹劾任何敢于反对“和议”的大臣。而对于自己早已恨之入骨的岳飞，更是为他想好了一个莫须有的罪名。

三天后，秦桧求见高宗，赵构果然表示求和。绍兴十一年（公元1141年）在秦桧的挑唆下，高宗一日之内连发十二道金牌，将在前线作战的岳飞召回临安。岳飞见金牌，悲愤交加，仰天长叹：“十年之功，废于一旦！所得诸郡，一朝全休！”岳飞刚回到临安，就被秦桧以“谋反”罪名关进了临安大理寺。但岳飞赤胆忠心、正气凛然，从他身上，秦桧找不到任何反叛朝廷的证据。韩世忠当面质问秦桧，秦桧支吾其词“其事莫须有”。韩世忠当场驳斥：“‘莫须有’三字，何以服天下？”可是，一心求和的高宗还是在十二月末除夕夜下令赐死了岳飞，一代忠臣良将就这样含冤而死。

后来的故事很简单，在秦桧寿终正寝时，赵构虽赐他谥号“忠献”，但他的儿子、亲信均被罢官，最终也没能保住荣华富贵。而秦桧因为设计谋害了忠臣良将岳飞遭到世人的唾弃，成为遗臭万年的十大奸臣之一。

在中国上下五千年的历史变迁中，只要朝代没有被更替，君主做的一切都是正确的、英明的，即使是错误也会被认为是正确的。如果因为君主的过错导致历史的变迁，那就是社会发展的需要，而不会说是君主所致,这就是可怕之处。即使错误一般都不会归结到君主的头上，大多会归结为红颜祸水，或者乱臣贼子的头上。他们就成了名符其实的替罪羊。正如上文提到的秦桧，真正想要杀害岳飞的正是当时的皇上宋高宗赵构，而秦桧只不过是替罪羊罢了。

没有永远的朋友，只有永恒的利益。今天你利用我，明天我利用你。相互利用对方的权力、人脉、资源，最终巩固自己的权力、地位。被别人利用未必不是好事,证明自己还有存在的价值。如果不被人利用了，那么你连存在的价值都没有了。那么在现实生活中如果自己遇到了很棘手的问题，如何才能找到最合适的“替罪羊”呢？

1. 找准人物很关键

要找“替罪羊”，最好找一个能够承担起你所承担的“担子”的人。假如你遭受了百万元的损失，但你找了一个打扫卫生的人来承担，这就大错特错了，打扫卫生的人肩膀太“小”，不能承担起你的任务。如果硬是这样做，只能是掩耳盗铃，自欺欺人。

2. 不要让别人怀疑到你自己头上

在找替罪羊的时候，一定要想到周全的策略，完美的圈套，让对方在神不知鬼不觉间，钻入你的套子中。另外，无论出现什么状况，一定要让别人认定只有那个“替罪羊”才能够做出这种事情，根本不会联想到你的身上，否则你找的替罪羊就是失败的。

3. 弥补“替罪羊”

有付出就有回报。“替罪羊”替你顶罪了，那你必须得给他一些补偿，这也是为以后他再次替你顶罪打好基础。你给了“替罪羊”足够的报酬，那么即使他受多大的苦，也不会觉得太委屈，如果这次尝到了甜头，那么当你再遇到困难事情的时候，他也许会再次挺身而出为你顶罪。

CHAPTER 4

大权独揽，在手中的权力才最容易掌控

大权独揽，在手中的权力才最容易掌控

没有手腕，有权力也会很快失去

巧用离间计，趁机夺取权力

软硬兼施，让权力向你靠近

遭遇危机一定要采取铁腕执行力

没有手腕，有权力也会很快失去

如果有人说某个政治人物“手腕毒”，就是指此人在处理政治事务中采用了不正当的手段。政治场合有时就是你死我活的战场，谁的手腕软谁就倒霉，谁的手腕硬谁就能胜出。胜者为王，败者为寇，拼的就是手段。

刚刚爬上领导位置的新官最大的困难就是自己说的话谁都不听，这是什么原因呢？因为他手中应有的权力还没有真正发挥效能。如何树立自己的威信，提高行政效能？唯一的办法就是将上一任领导分割出去的权力，采取一切措施回收，然后把控在自己手中。

弗兰西斯在一出场就给观众一个下马威，将一只急需救助的狗给活活地掐死了，并且还振振有词地说：“这种时刻，需要有人采取行动，或做一些不好但是必要的事情。然后，什么痛苦都没有了。”不由得让人心头一震，如此毒辣的人，还不知道在以后会残害多少人呢？果真，在后来的政治争斗中，他的确采用了许多毒辣的阴谋，也正是依靠他的非常手腕，才使得自己一步步登上了总统的宝座。

有天晚上，弗兰西斯去约会自己的情人——《华盛顿先驱报》女记者佐伊·巴恩斯，刚开车来到佐伊的楼下，他正好看到佐伊与一个男人亲热，弗兰西斯毫不犹豫地开车离去……在男人的世界里，女人是私有品，不允许别人分享。

佐伊看到约好的弗兰西斯没有来，赶紧追问他在哪里，他说在自己的家里，佐伊为了能够尽早拿到更多的白宫内部资料，只好约在第二天让弗兰西斯来自己住的地方。

第二天，当弗兰西斯再次来到佐伊楼下的时候，看到佐伊的窗口一片漆黑，弗兰西斯知道她还没有回家，于是给佐伊打了电话，但是她看到却没有接。原来，佐伊既想依靠弗兰西斯又不想被他完全占有，正在为自己与弗兰西斯之间的这种情感而纠结。佐伊在酒吧与同事简宁喝酒，简宁的遭遇让她明白：男人玩弄的永远是女人的身体，不会给女人带来幸福。

这一刻，她似乎明白了自己就是弗兰西斯的性工具，他永远不可能给自己带来什么幸福，她要摆脱弗兰西斯。所以，当弗兰西斯打电话过来的时候佐伊没有接。可是，佐伊还是给弗兰西斯回了一条信息：等我半个小时。

弗兰西斯看到这条短信之后，立马叫司机开车走人。用弗兰西斯的话说就是：在我的字典里面，只有别人等我，从来没有我等别人。一些人靠近权力就误认为自己拥有了权力，我不能给他这种错觉。

第三天，佐伊马上就要接受电视台的采访了，她想从弗兰西斯那里得到具体的投票数据，弗兰西斯拒绝了她。

这一次，佐伊认识到自己还是逃不开弗兰西斯的魔爪，于是，她用自己的身体再次与弗兰西斯达成了和解。

后来，当弗兰西斯制造了罗素自杀的现场时，很快引起了佐伊的怀疑。虽然弗兰西斯找各种理由来转移佐伊的视线，让她停止调查，可是这次佐伊却没有听从，反而拿着调查的结果一次次来向弗兰西斯求证，弗兰西斯逐渐地认识到她知道的事情越来越多，对自己的危害也越来越大。于是除掉佐伊成为当务之急。

弗兰西斯让助手道格买了一部一次性手机，准备神不知鬼不觉地将佐伊灭口。弗兰西斯与佐伊约好了在地铁见面，对他们的情感做一次谈判。在地铁站一个偏僻的角落里，佐伊与弗兰西斯见面了。弗兰西斯开口说话了："我们忘记过去，一切重新开始可以吗？"

佐伊同意了。弗兰西斯说："那就将以前我发给你的所有信息都删除吧！"

佐伊拿出手机删除了关于弗兰西斯的所有信息。

弗兰西斯又说："还有我的姓名、地址……"

佐伊又删除了手机中弗兰西斯的姓名与地址。

弗兰西斯转身就走，佐伊不甘心就这样被人玩了甩了，忙赶上前去追弗兰西斯，恰好一辆地铁疾驰而来，弗兰西斯毫不犹豫地将她推了出去……

佐伊就这样被弗兰西斯灭口了，曾经的爱与柔情，顿时云消雾散，傻傻的佐伊还想仗着他们之间的感情，在弗兰西斯面前肆意撒娇呢。可是在弗兰西斯看来她只不过是自己政治活动中的棋子，用得着就留着，用不着就扔掉，休想让一个棋子毁掉整个局。佐伊这颗棋子，为弗兰西斯的投票选举和宣传造势，立下过汗马功劳，可是这颗棋子现在却成了绊脚石，影响着弗兰西斯的权力之路，所以，佐伊剩下的道路只有一条，那就是死。

历史上专情的皇上很少见，而专情于比自己大 17 岁的女人的恐怕也就只有明宪宗朱见深一人了。

明宪宗宠爱一生的女人叫万贞儿，在很小的时候就成为了孙太后（英宗母，宪宗朱见深的祖母）的宫女，由于万贞儿不仅长得漂亮，而且聪明可爱，深得大家的喜欢，后来成为了一名司衣女，主要职责就是伺候太子朱见深。于是这对青年男女自然而然就产生了感情。

天顺八年，英宗去世，太子朱见深登上了皇位，被称为宪宗，当时明宪宗只有18岁，而万贞儿已经35岁了。万贞儿虽然年龄很大却长得丰满艳丽、皮肤白皙，犹如唐朝的杨贵妃，但是这些都是次要的，关键是她机智勇敢，每次宪宗出游的时候她都佩戴宝刀陪同左右，深受宪宗的器重。

但是，皇上不可能只有一个女人，后来按照后宫规定又给宪宗选了几位女子作为妃子，包括皇后吴氏在内，个个年轻美貌，超出了万贞儿，吸引着血气方刚的宪宗，这让万贞儿十分妒忌和仇恨。

万贞儿凭借自己在宪宗心中的独特地位，根本不将其他女人放在眼里，这让皇后吴氏很生气，总想找个机会好好整治一下万贞儿。万贞儿在觐见皇后吴氏时，非常傲慢无礼，惹怒了吴氏，吴氏便以皇后的身份责骂了万贞儿一顿，可是万贞儿是一个毫不示弱的女人，便出言顶撞吴氏，吴氏没想到她竟敢直接顶撞，更是生气了，便随手夺过太监手中的棍子狠狠揍了她一顿。万贞儿气恨不过，便决定让吴氏尝尝自己的厉害，于是跑到宪宗面前哭诉，犹如一株梨花带雨开，甚是可怜。听过万贞儿的诉说，宪宗龙颜大怒，立刻废掉了吴氏的后位，选立王氏为皇后。

后来，万贞儿为宪宗生下了一个儿子，宪宗高兴得封她为皇贵妃，并许诺一定会立其子为皇太子，可是不久万贞儿所生下来的儿子夭折了，且从此她再也无法生育。

这件事对权力欲望强烈的万贞儿来说是致命的打击，所以她对宫中的女子十分嫉妒，尤其对宪宗宠幸的年轻女子更是嫉妒得发疯，只要发现有嫔妃怀孕就立刻派身边的御医以治病的名义使其堕胎。当宪宗知道了幕后黑手是万贞儿后，不但不责怪，反而低声下气，好言相劝。

宪宗曾宠幸了一位纪姓嫔妃，没成想这位妃子怀孕了。万贞儿知道后立刻派一名宫女前去打探，看她是否真的怀孕了，这位宫女虽然是万贞儿的手下，可是对自己主子的为人却很厌恶，于是她打探之后告诉万贞儿这位嫔妃并没有怀孕，只是身体生病了而已。

后来，这位嫔妃顺利产下一男婴，但她知道自己的这个孩子不能活着，否则不仅自己得死，这个孩子也活不久，于是她便央求太监张敏将男婴溺死。张敏实在不忍心这样做，暗自将这个男婴藏入密室抚养，被废掉的皇后吴氏也秘密去照顾这个孩子。

有一天，宪宗面对镜子中满脸皱纹、花白头发的自己感叹，自己已经老了，但是没有想到却落得个断子绝孙，连个继承人都没有的境地。此刻，站在宪宗身边的太监张敏上前，悄悄告诉宪宗，自己在密室中还为皇族留着根。宪宗顿时喜极而泣，立刻命人将纪嫔妃和孩子接到了宫中。这件事情深深刺痛了万贞儿，没过多久纪妃便被毒杀了，太监张敏惊恐万分，感觉命不久矣，便吞金自杀了。

此后，万贞儿想尽一切办法要谋害年幼的太子，无奈宪宗的亲妈周太后防护周密，根本没有可乘之机。一计不成又生一计，她转而又向宪宗哭闹，非得改立太子不可，宪宗竟然也答应了，不料关键时刻东岳泰山突然发生地震，宪宗吓得也不敢提起此事。眼见再次错失良机，万贞儿气得肝火攻心，竟然得了肝病，于成化二十三年死去，死时已经58岁了。

万氏原本是一名普通的宫女，且比皇上大了17岁，竟然能终其一生享尽宠爱，这样的例子绝无仅有。她以毒辣的手段挤掉所有的对手，让人不寒而栗，不得不让人感叹她的强悍和高明。

在政治圈里，不是大家都爱玩手腕，而是现实所迫。你不干掉别人，别人就会干掉你。你的手段温柔，就会被手腕毒的干掉。最后剩下的只有手腕最毒最狠的。活着才是王道，所以，要想成为政治高手，就得学会耍手腕，这样你才能操控权力。

我们的社会是一个分工严密的等级社会，与领导关系处理得好，个人心情愉快，工作也容易出成绩；处理不好，不但影响工作，而且会严重损害自己的身心健康。那么该如何处理好上下级的关系呢？下面这些方法，你不妨一试。

1. 与领导交往即使再密切也要保持适当距离

千万不要认为你是领导最满意的下属，心中有什么话就可以毫无顾忌地说出来，也不要认为领导对你就是百分之百的信任。过犹不及，与领导交往过于密切并不是什么好事。

上下级关系只是一种工作关系。如果下级素质好，有责任心，工作业绩好，那么领导对于他的意见就会采纳，就会支持。如果下属素质不高，也没有能力，那么领导也懒得理你。

2. 在认知上要与领导保持一定差距

很多人犯下的一个错误就是觉得自己的想法是天下无敌的，包括领导的一些建议和思想“都是狗屎”。这样的下属迟早会被领导舍弃。还有一些下属喜欢将自己的一些想法强加给自己的领导，误认为领导和自己想的一样，其实，领导的想法与他相差十万八千里。领导看到的是明天，看到的是未来，而下属看到的是今天，两者对一件事物认识的角度和深度都是不同的。所以和领导相处一定不要自以为是。

3. 提高自己，与领导保持同一频道

领导与下属交往的时候，总希望自己的下属在考虑问题的时候能够与自己站在同一频道，这样就能够深刻理解自己的意图，并且能够找到帮助

自己的方法和技巧，为自己分忧。当领导分配给你任务时，你要知道做这件事情的真正意图是什么，这样才能做到办事周全。如果不提高自己，那么领导与你交流，犹如对牛弹琴。领导说得吃力，你听得也吃力。

所以，在与领导交流的过程中，一定要懂得方法和技巧，这样你才能做老板的心腹，才能得到重用，才能在仕途上越走越平坦，越走越远。

巧用离间计，趁机夺取权力

成为天下的王者，必然是一个善于“做局者”。他们常常利用人性的弱点，挖下陷阱，让敌人掉入陷阱，自己则绕道而行，成为最后的生还者。三十六计中的离间计就是屡次实践依然百用百灵的招数。这个计策不仅能让敌人丧命，也让许多英雄好汉命归黄泉。离间计之所以容易被人利用，是因为这个计策花费的成本很低，甚至不用自己费一兵一卒就可以办到，而且收到的效果很明显。当对手忙于处理阵营之中的祸乱时，自己不费吹灰之力就可以将对方消灭掉。

弗兰西斯在与中方代表赞德·冯谈判的时候，冯提出了奇怪的要求：希望美国继续在世贸组织起诉中国对汇率的操纵，这样才答应修建从杰斐逊港到米尔福德港的大桥。而大桥是重要的基础建设项目，对沃克来说非常重要。

弗兰西斯虽然没有明确反对，但他明白冯这样做的目的是为了维护幕后老板雷蒙德·塔斯克的利益。

于是，弗兰西斯立刻给白宫反映：除非我们撤销世贸组织诉讼，否则中方不肯修建大桥。

很快总统沃克打来电话询问弗兰西斯："为什么你的意见与雷蒙德的截然相反呢？"

弗兰西斯当然不可能否认自己说的话，一口咬定冯就是那么说的。沃克很生气，让他俩都不要再联系冯了，免得他得寸进尺。

但弗兰西斯为了让自己的离间计得逞，刚放下电话，就吩咐道格想办法联系冯。于是，他在三更半夜将冯约到小树林里，最终摊牌，并彻底激怒了冯。

第二天，总统沃克给雷蒙德与弗兰西斯召开电话会议。在电话里雷蒙德质问弗兰西斯昨晚见冯没有？弗兰西斯没有承认，而是说："自从我们谈过之后，我就没有联系过他，总统先生，就像你吩咐的那样。"

雷蒙德说："冯可不是这么说的！"

弗兰西斯抓住了把柄："总统也不让你跟他联系，雷蒙德。"

雷蒙德赶紧改口说："是他联系的我，我只是接了电话而已。"

沃克说道："我们之前有预先安排的清晰条件，弗兰克，做了数月的秘密外交。"

弗兰西斯："我现在身处前线，总统先生，我可以直接告诉您，我们现在对付的这个政权不够直截了当，而且会利用一丝一毫的恐慌。这是一场测试，看在我们崩溃前他们能施多少压，别被他们牵着鼻子走，结束磋商吧。"

雷蒙德说："我们不要反应过激。"

弗兰西斯说："他们都可以撤出中美商贸联委会，我们也可以撤出峰会。"

雷蒙德："这会带来灾难性的经济后果，市场会——"

弗兰西斯："要么我就向统治世界的新超级大国磕头臣服。"

雷蒙德："别说得那么夸张，弗兰克。"

弗兰西斯："我们对付的毕竟是世界四分之一的人口。"

雷蒙德："总统先生，您这样会犯下弥天大错。"

弗兰西斯气得大吼道："你的忠心何在，雷蒙德，赞德·冯还是美——"

雷蒙德着急了："你休想质疑我——"

沃克大声喊道："好了，都闭嘴。我犯了两个错误，都是我的责任。第一个是允许你，雷蒙德，把你的生意伙伴牵扯到这次磋商里来。”

雷蒙德想解释：“我只是想——”

他的话被总统打断了，沃克说：“第二个是任用你，弗兰克。我们没能搞清状态，反而传达了错误信息，这是一次失败的外交。”

弗兰西斯：“总统先生，听我说——”

沃克：“不，我已经听够了，你们两个都是。我听到的全是相互指责。如果你们俩都不愿意承担责任，我来。我们退出。不是因为你建议这么做，弗兰克，而是你把这次谈判搞得一团糟，我除了来硬的别无选择。你们俩都让我失望至极。”

说完，总统沃克就气愤地挂断了电话，只剩下弗兰西斯和雷蒙德还在通话中。

弗兰西斯：“雷蒙德，你还在吗？”

雷蒙德有些伤心地说：“这是他二十年来，第一次挂我电话。”

弗兰西斯安慰道：“我很同情你。”

虽然总统在电话中将雷蒙德与弗兰西斯都批评了一通，但弗兰西斯是最后的胜利者，因为他的离间计成功了，最终总统采纳了他的建议，而雷蒙德已经失去了总统的信任。这一点雷蒙德也感觉到了，他与总统沃克亲密合作二十年，沃克向来对他毕恭毕敬地请教，雷蒙德说什么沃克就去做什么，每次通电话都是雷蒙德挂了电话之后沃克才挂电话，而这次总统不仅厉声批评了雷蒙德，而且愤怒地挂了电话，这让他有些难受。弗兰西斯却笑了，用他的话说："杀戮开始了！"

后来，当雷蒙德遇到困难需要弗兰西斯帮助的时候，弗兰西斯拒绝了。因为他明白：专业的拳击高手都知道，当对手倚在缆索上的时候要用组合拳狠狠地攻击他的腹部，然后，用左勾拳痛击下颚。

三国时期，曹操派蒋干去拜见周瑜，就是想摸清楚周瑜到底想用什么办法对付自己。蒋干到了吴营绞尽脑汁套话，想从周瑜的口中打听到一些有用的消息。周瑜自然知道蒋干此次前来的目的，任凭蒋干用什么计策，周瑜就是装聋作哑，坚决不吐露半个字，俨然一副死猪不怕开水烫的架势，这让蒋干有些不知所措。

但是，蒋干是一个执着的人，他觉得自己既然来了就不能白来，总得捞点情报回去好交差。可是，周瑜就是不开口，该怎么办呢？

晚上，周瑜将蒋干安排在自己的大帐中休息。可是，蒋干辗转反侧就是不能入睡，因为他还有任务在身，如果今晚完不成，明天就可能回去了，该怎么向曹操交代呢？蒋干越想越着急，越着急就越睡不着。到半夜的时候他从床上坐了起来，能不能从周瑜的大帐中找到点有用的线索呢？

想到这里，蒋干下了床。周围一切都很安静，估计周瑜和卫士们都休息了。他在周瑜的房间摸索起来，终于在书桌上摸到一封信，借着帐外火把的光亮，蒋干隐约感觉到了这封信的价值。此刻的蒋干有踏破铁鞋无觅处，得来全不费功夫的感觉。于是，他悄悄将这封信揣进了自己的怀中。

这封信的内容是："某等降曹，非图仕禄，迫于势耳。今已赚北军困于寨中，但得其便，即将操贼之首，献于麾下。早晚人到，便有关报。幸勿见疑。先此敬覆。"

当曹操看到这封信的时候大怒，立刻命人将此次伐吴最得力的两位主将蔡瑁、张允推出斩首了。

"怀疑"是离间计最好的工具。曹操想算计周瑜，结果却让自己反中了离间计。这与曹操生性多疑的性格是分不开的，如果能冷静下来仔细想一想整件事的前因后果，就不可能仅凭一封涂抹不清的信件轻易地杀掉两个得力干将。从另外一个方面也说明了即使再铁的关系也有背叛你的时候。蒋干本来是周瑜的旧交，按照常理周瑜最熟悉此人，无论如何也不能派蒋干来干这个事情，但是曹操恰恰将这个任务交给了蒋干，结果反中了周瑜的离间计。

蔡瑁与张允乃刘表之旧将，曹操想将这两个人拉拢到自己的麾下有自己的目的，那就是北方人不习水性，想让这两个人作为教练。可是对于他们是否真心教自己的士兵，多疑的曹操还不敢完全确定，再加上周瑜的这封信，曹操认定这两个人不是真心来为自己服务的，而是周瑜派在这里的卧底。结果蔡瑁与张允本认为投靠了一个明主，没有想到才来没有几天，就被自己选择的明主结束了性命，实在是委屈啊！

日常生活中我们经常见到某些居心不良的人利用离间计，使得本来很亲密的人之间产生各种各样的矛盾和问题。比如婆媳之间的矛盾，朋友之间的矛盾，上下级之间的矛盾。为了彻底瓦解对方的心理，施计者往往会将矛盾点扩大渲染，让分歧更大，最后让对方两败俱伤，而自己坐山观虎斗，坐收渔人之利。那么，在日常生活中如何辨别自己是否中了别人的离间计呢？

1. 从相互联系分析

别人对你使用离间计，都是带有一定的目的性的，而不是平白无故地为之，此人必然与你有这样或者那样的利益关系。可能你与他的关系很明朗，周围的人都知道你们的这层关系，也有可能这种关系只有你们两人知道而其他人不知道。而且你肯定与对你实施离间计的人有某些利益关系，否则他不可能对你实施这个计策。最明显的一个特征就是很久不联系你的人，突然联系你，那么此人就可能是离间计最大的嫌疑人。

2. 从利益角度分析

离间计之所以能够顺利地实施，主要原因就是你与实施计策的人之间有某种利益关系，要想知道到底是谁对你实施了这个计策，首先要从与你有利益关系的人中间排查，尤其那些在你这里吃过亏的人，找到这个人就距离找到真相不远了。

3. 从反常举动分析

雁过留声，人过留名。只要对你实施过离间计的人都不可能不留下一些蛛丝马迹。要想识破离间计就要从那些突然变得反常的人入手，进行认真分析。如果无法推算出来，不妨采用逆向思维，这样就容易找到两者之间的关系，识破离间计背后真正的原因了。

软硬兼施，让权力向你靠近

古往今来，成大事者都是能屈能伸的大丈夫。他们面对艰难困苦的时候能够委曲求全，保存实力，时刻等待最佳时机的到来，然后突然爆发，从而改变自己的命运。在顺境的时候，他们也懂得低调地为人处世，尽力施展自己的才华，乘风破浪，取得更大的成绩。

那些成功者往往在做人的方面有刚有柔。过于刚烈，遇到问题的时候，不计后果，只为目的，迎难而上，尽管有成功的机会，但是失败的概率更大。“刚”对一个人来说很重要，也是一个人难得的品质，但是“刚”也得有度，有了困难宁折不弯是对的，但不能一味地刚强到底，这样是不能持久的。刚强的人心劲足，遇到困难宁愿死撑也不愿意求助别人，这样即使挫折过后再想重新振作也是很困难的。

如果做人太柔，就会遇到任何事情都犹豫不决，容易错失良机。但是“柔”可以持久，具有很强的包容能力。做人需要刚柔并济，能屈能伸，屈伸有度，是为人处世的最佳状态。

共和党提出如果津贴改革没有成功，那么就对政府的一切开销进行冻结。弗兰西斯为了能够让津贴改革成功，不让政府“停摆”，决定将这个任务揽过来，于是，说服共和党人支持改革便是头等大事。

当下要紧的是说服柯蒂斯。

弗兰西斯给柯蒂斯传递的信息是，把退休年龄提高到67岁，就能解决2055年之前的津贴问题，还能节省一万多亿美元，而且不必动用纳税人收入。甚至弗兰西斯传递出想彻底废除提前退休制度的想法，一听到“彻底废除”，柯蒂斯毫不犹豫地说道：“还是算了吧。”柯蒂斯之所以这样说是因为在白宫要想实现自己的梦想太难了，一个小小的改革都难以推行，何况“彻底废除”。

最后，弗兰西斯又提出：“68岁正式退休，64岁提前退休如何？”

柯蒂斯没有明确答应弗兰西斯，只说了一句话：“我对选民们负有责任，我保证不会在某些问题上动摇。”

弗兰西斯并没有收到满意的结果，就与柯蒂斯约定明天继续商谈。

第二天，当柯蒂斯走进办公室的时候，发现只有弗兰西斯和赫克特两个人在。

弗兰西斯看到柯蒂斯赶紧说道：“我昨天让你为难了，我不该当着所有高层的面，让你难堪。”

赫克特说道：“请坐，柯蒂斯。”

弗兰西斯继续说道：“我知道你有义务持有坚定的立场，但津贴改革是你努力涉足的提案，你现在触手可及，请告诉我你的顾虑。”

柯蒂斯直言不讳地说：“我害怕民主党再次获胜，我们会在中期选举中吃苦头，而下一届国会将取消协议。”

弗兰西斯说：“你觉得我们没有诚意。”

柯蒂斯说：“我的选民们不相信管理层，我不能让他们以为我们被欺骗了。”

弗兰西斯坚定地说：“跟我所想的一样。”

这时，赫克特插话道：“弗兰西斯和我的建议如下：我们会计入一项绝大多数议事程序，规定十年内不得重提此问题。”

弗兰西斯赶紧补充：“你会拿到白纸黑字的文件。庄重的长期承诺，不得取消。”

赫克特说：“这件事排在我们的其他要求之上。退伍军人事务部和联邦应急管理局经费保持现有水平。”

弗兰西斯补充道：“其他经费消减占你所提出的80%至100%。你以此获胜，柯蒂斯。我们只是避免灾难。”

柯蒂斯似乎信心不是很足，说道：“也许国家需要看看灾难是什么样子。”

弗兰西斯接着说：“茶党拥有颇大的发言权，而你就是扩音器。让他们看看这种发言权能转变为法律，而不仅是化作噪音。”

柯蒂斯想了下，又讨价还价道：“十五年不得取消，十年不够。”

弗兰西斯答应了。

柯蒂斯又说：“如果我们通过了法案，而众议院没能通过，你要公开谴责你们党造成了这种僵局。”

弗兰西斯笑了笑，坚定地说：“成交。”

弗兰西斯为了说服柯蒂斯可以说软硬兼施，但最终还是说服了他。

一个人做事情要想长久一些，就必须学会软硬兼施，灵活应变，不能永远钻在牛角尖里却不知道出来，更不能撞到南墙也不知道回头。一件事情的发生可能会引起方方面面的矛盾和冲突，而每一个矛盾点都会影响到整个事情的发展趋势。如果不懂得采取灵活应对的态度，而是固执地去直接面对，不但化解不了矛盾，反而可能会激化矛盾，最后导致的结果就是双方谁都不满意。在与外面的世界沟通的时候要学会变通，这样你才不会处处碰壁，最终修成正果。

楚汉相争时，刘邦和项羽争夺天下，势均力敌，不分上下。然而最终刘邦因为拥有了韩信这名大将而一统天下，最后韩信也得以封王封侯。可是，在韩信风光的背后，也隐藏着一段屈辱的经历。

韩信很小的时候，因为接受过女乞丐婆子的喂养，常受到人们的嘲笑，因此韩信在众人面前抬不起头来，看到人就远远躲开。这天，一帮地痞流氓拦住了韩信的去路，他们嘲笑韩信是吃乞丐婆子的奶长大的。韩信低着头一言不发，这些地痞流氓看韩信沉默，觉得更好欺负了，于是，他们叉开腿指着裆下说："如果你敢从我的胯下爬过去我就放过你，否则今天就打死你！"

韩信思考了一会儿，便趴下身子从他们的胯下爬了过去，然后站起来，拍拍身上的土，扬长而去。这些地痞流氓，看着韩信哈哈大笑，都说韩信是傻子、胆小鬼，永远只能吃乞丐的奶。

后来，韩信发奋学得一身兵法，军事指挥的才能无人能及。被刘邦看中后，吸收到了自己的军中，很快做了大将军，成就了惊人的伟业。

如果当初韩信一气之下，宁折不弯地和那些流氓拼命，恐怕历史将要改写了，不会出现一位叱咤风云的大将军，只会多一个名不见经传的枉死鬼。当然历史就是历史，没有什么假设，但是历史中的智慧非常值得我们思索。大丈夫能屈能伸，能刚能柔，就是源于韩信的典故。在常人看来，胯下之辱绝对让人不堪忍受，简直是奇耻大辱，然而韩信爬过去了，而且爬过去以后拍拍身上的尘土扬长而去，这是何等的胸襟和气魄！

中国古代有很多名垂青史的帝王，他们都很善于处理君臣关系，其中，他们最常用的方法就是软硬兼施。

贞观四年，李靖攻陷了突厥颉利可汗的牙帐，但是因为部队的纪律松散，导致突厥的珍宝被唐军虏掠一空。为此，有很多大臣都恳请弹劾李靖。

李靖觐见的时候，唐太宗虽然大发雷霆，但是他考虑到李靖以往的赫赫战功还是赦免了他的过错。

这就是李世民驾驭功臣的手段。他通过别人对李靖的弹劾，稍稍警告一下李靖，然后再以适当的恩宠来赦免李靖的过错。

唐太宗很聪明，他对权力的使用收放自如，拿捏得恰到好处，并懂得软硬兼施的管理策略，所以李靖才会心甘情愿地帮助唐太宗去打天下。

一个人要想成就一番伟大的事业，不仅要有容纳仇恨的胸襟，还得有能够忍受常人不能忍受的屈辱的气度。要想成就自己的野心，就要学会吃苦，接受别人给你的屈辱，这就是对你能否接受该任务的最大考验。

面对屈辱，一定要保持冷静。如果不愿意接受，那么自己的人生将会出现什么样的困境？万劫不复，还是一蹶不振？如果真是这样最好三思而后行，而不是不假思索就贸然行动。如果对方的实力足够强大，你无力抗衡，最好的办法就是先保存实力，以期东山再起，否则你的一切努力都要白费。暂时的忍辱负重是为了长久的事业和理想。做人要能伸能屈，不能忍一时之屈，就不能使壮志得以实现，使抱负得以施展。

对于管理者来说，虽然不能直接用屈与伸来形容，但是软与硬具有同样的道理。“软”与“硬”，两手都要抓。注重软环境，才能提升软实力，讲究管理艺术，才能体验乐趣。那么作为管理者要想做到软硬兼施，有什么样的要求呢？

1. 注重管理的科学性

科学技术是第一生产力，没有科学技术就没有强大的生产力，但是如果没有科学的管理技术，产品就是生产出来了，也未必是合格的。而且产品总不能存放着，销售出去才是硬道理，如果没有科学的管理技术，产品在入库出库的时候难免会产生混乱，那么又怎能保证利润呢？

2. 加强对软硬件建设的投入

硬件是生产的基础，如果没有硬件的保障，就不可能有软实力的提高。因此，加强培训建设，对下属进行奖励，加强对企业文化的学习和了解，让下属的价值观、思想认识与领导同步。

3. 讲究管理艺术

不能盲目地认为，只要采取强制性的措施向下属要质要量，就能够提高效率，这是大错特错的。这样做的结果往往适得其反，不仅没有提高效率，反而激发了下属的逆反心理，降低了效率。与其这样不如采取软硬兼施的手段，该硬的地方硬，该软的地方软，这样也许会收到惊人的效果。

4. 注意人才建设

对人才队伍的建设，不能只看学历，而是要看能力。同时要注重下属"软件"素质的提高，培养这个团队的合作精神、沟通能力、创造力等，这才符合现代化企业发展的价值观。

遭遇危机一定要采取铁腕执行力

要想做一个成功的政治高手，不仅要有魄力，还得有自信、有威望、有强硬的立场，坚决果断，还得有认准事情、坚持到底的勇气，无论遇到什么困难都不退缩。只有具备了这些条件才能让属于自己的权力牢牢地把控在自己手中，而不会被竞争对手颠覆。可能在这个过程中一些政治高手会采取一些非常手段，但是在这种竞争激烈的政治场合，你不强硬，别人就会对你残酷。虽然大家也很看重从政者的品德，但是更注重的是谁会是最后的赢家，所以，采取铁腕措施，将权力牢牢把控在自己手中才是王道。

在弗兰西斯忙着教育法案改革的时候，他希望通过多方面的改革提升自己的影响力，从而让教育法案能够顺利通过。于是，罗素管辖下的造船厂就成为了弗兰西斯的目标。造船厂虽然比较老旧，但它解决了12000人的就业问题，如果拆掉了，这些人的就业问题怎么办？老百姓不可能直接去找弗兰西斯，只能去找自己的顶头上司罗素。如果罗素能够解决这些人的就业生活问题则罢，不能解决的话那就是很大的问题。但是，狡猾的弗兰西斯以罗素的一系列丑事为由，逼迫罗素赞成拆掉造船厂。因此，罗素成为了众矢之的，造船厂的昔日同事不愿意理睬他，他的亲戚朋友也不愿意理睬他，甚至还对他拳脚相加，让罗素一度崩溃。这时，弗兰西斯提出让他竞选州长，他才咬牙坚持了下来。

当弗兰西斯在总统及议员面前说出罗素的名字时，遭到了所有人的反对，觉得罗素这个瘾君子根本不能当州长。大家都觉得参加竞选的应该是一位有正能量的候选人，可是罗素的公众形象实在相去甚远。只有弗兰西斯坚持，他认为罗素只要戒酒戒毒，重新做人，更能代表一种正面的形象。

为了州长的位置，罗素接受了弗兰西斯要求他戒酒的命令。全面戒酒的时候，刚开始的日子罗素还能坚持住，可是，时间长了难免有些焦躁。于是，弗兰西斯让道格带着他去戒酒督导会，在这里，很多人讲述了自己吸烟喝酒之后的痛苦生活，给家庭带来的灾难等等，通过与大家分享，提高了戒烟戒酒的决心和信心……

罗素终于戒酒成功了！

在大家的质疑声中，罗素为自己的竞选做好了充分的准备工作。弗兰西斯为了能够让经验不足的罗素胜算大一些，让来自宾州的副总统吉姆陪同演讲、拉选票。本来弗兰西斯是为了罗素好，可是没有想到帮了倒忙，在每次演讲的时候吉姆都滔滔不绝地说个不停,从来不给罗素演讲的机会。原来，吉姆根本不看好罗素这个人，他不希望罗素这个瘾君子竞选州长成功。罗素人微言轻，吉姆根本不听罗素的请求，于是，罗素又来求助弗兰西斯。弗兰西斯分析了其中的原因和吉姆的性格弱点，帮助罗素轻松搞定了固执的吉姆。在接下来的演讲中，吉姆简单做了个开场白之后，就将演讲的机会留给了罗素。罗素在众人面前的演讲，让他看到了自己州长成功的希望，信心大增，赢得了很多人的支持。

最关键的时候来临了，提案投票的日子到了。弗兰西斯、罗素紧紧盯着大屏幕，可是出人意料的结果出来了，罗素的提案没能通过！罗素有种从天上狠狠地摔下来的感觉，弗兰西斯也觉得奇怪，自己一切都安排妥当了，为什么会落选呢？原来，是克莱尔为了自己的“世界之井”的款项，背叛了弗兰西斯。

虽然罗素落选，但是弗兰西斯认为再争取一下也许还有机会，于是为罗素联系了电台的连线采访，通过采访让罗素再次树立正面形象，为竞选州长做最后一搏。

可是，谁想到罗素在电台采访的前一夜，竟然与美女瑞秋喝醉了酒，差点错过了采访的机会。结果在采访的过程中罗素还带着醉意，说话结结巴巴、颠三倒四、前言不搭后语……罗素彻底失败了。

罗素再次过上了依酒度日的生活……彻底的失败，使他毫无顾忌，决定坦白一切，从头开始。

但弗兰西斯不希望因为罗素而影响自己的仕途。于是，在一次罗素喝醉酒的时候，弗兰西斯乔装改扮钻进了罗素的车里，在车库制造了罗素自杀身亡的假象。

大家都认为罗素可能是由于仕途失败而自杀，没有人会想到这一切都是弗兰西斯一手造成的……

在政治家的眼里只有权力、地位和金钱，为了维护自己的这些东西，他们会不择手段。看似他是为你着想，其实他只是将你作为垫脚石。当他没有成功的时候，他可以尽心尽力帮助你；当他踩着你成功之后，就会将你一脚踢开。就像罗素这块垫脚石已经变成绊脚石，弗兰西斯肯定不会让他影响到自己，必然要采取手段扫清一切障碍。

在《纸牌屋》中，有为了保护自己的权力而杀害下属的例子，而在中国历史上，为了权力而杀害亲人的例子更是随处可见。

公元前94年，汉武帝最宠爱的钩弋夫人为他生下了一个儿子，名叫刘弗陵。汉武帝很高兴，毕竟可以算得上老年得子啊！因为在此之前汉武帝已经有五个儿子了。不仅如此，据说这个孩子在母亲的肚子里面待了足足14个月。汉武帝是一个迷信的人，他想起上古圣人帝尧也是14个月才出生，相信自己的儿子也必将成为一代圣人，于是把钩弋夫人生孩子的房间命名为“尧母门”，可见汉武帝对这个最小的孩子的喜爱。

那时，卫皇后所生的刘据已被立为皇太子。但是刘据与汉武帝的为人处世方式截然相反。汉武帝刑法严酷，刘据却宽厚仁慈。被汉武帝定刑过重的人，刘据都尽可能从轻发落。刘弗陵的出生以及汉武帝对他的喜爱让大臣们很明确地感觉到，汉武帝有易储的意思。

后来，汉武帝突然生病了。于是，担心刘据即位对自己不利的大臣趁机离间汉武帝与太子的父子关系，说汉武帝之所以会生病都是因为太子刘据的巫术所导致的结果。汉武帝很迷信，相信神仙，相信长生不老，对于蛊术也很忌讳。听到风声的卫皇后和刘据便要去面见汉武帝说清楚此事，然而，却在寝宫门前遭到汉武帝身边大臣江充的强烈阻拦。刘据觉得父亲宁愿相信别人也不相信自己的儿子，一气之下将江充给杀掉了。

于是，大臣们纷纷上奏说太子要谋反了，一时间从皇宫到大街小巷到处流传着刘据造反的传言。形势所迫之下，太子刘据不得不起兵，但仅在京城战斗了数月就以失败而告终。刘据兵败自杀，卫皇后也自杀。

钩弋夫人所生的儿子刘弗陵被改立为太子，也就是汉昭帝。汉武帝为了让刘弗陵顺利即位可没有少费功夫，不但挑选朝中的重臣辅佐，而且让人想不到的是，还命人杀掉了刘弗陵的母亲钩弋夫人。这让人难以理解，汉武帝的解释是："以往国家之所以发生混乱，多是由于皇帝小，而他的母亲却正值年轻力壮。如果她骄矜自持、淫乱恣意，就没有人能管束得了。你们难道没听说过吕后专政的故事吗？"

汉武帝在立嗣这个问题上所采取的手段，可谓出奇制胜。虽然他的手段很残忍，但是也堵住了太后干政乱政这个随时都可能出现的漏洞，为政权的稳定起到了一定的作用。

在政治家的眼里，权力和地位才是一切，为了这个他们可以牺牲一切，甚至包括家人的生命。所以政治家是孤独的，除了权力一无所有。这是政治的性质，也是权力的本质。

一个有能力的领导，一旦发现公司陷入困境，就要果断采取铁腕执行力，挽救公司于水火之中。那么，在公司陷入危机的关键时刻，该怎样做才会更有效？下面所提到的几点，可以为你提供帮助企业渡过难关的经验与教训。

1. 没有领导能力，一切都是空的

领导的铁腕执行力包括调整战略和培育理念。

调整战略，就是说领导者要重新规划，重新安排一切业务，重新确定公司新的发展方向。对处在困境中的公司要进行深入的分析，找到影响公司发展的原因到底是什么，哪些部门创造了利润，哪些部门是无用的，哪些业务需要砍掉，都需要做出细致的规划。

培育理念其实就是企业领导者对公司经营管理的思路，它是一个企业快速、正确发展的旗帜。

2. 必须具备对企业的管理能力

要想将企业管理得井井有条、蒸蒸日上，最好的方法就是责任到人，当然也离不开绩效管理和纪律。企业要想摆脱困境就得推行责任制，这样才能保证员工高效的工作效率。

绩效管理说白了就是对工作效率有效地监督，适当的绩效管理制

度能够刺激员工的工作效率，为企业做出更大的贡献。纪律是高效工作的保障，员工有了纪律性才能不折不扣地完成自己的工作。

3. 没有关键能力就难以突破困境

关键能力也称核心能力，是存在于一切职业中，从事任何职业都需要的具有普遍使用性的能力。如果说职业兴趣能决定一个人的择业方向，那么关键能力则说明一个人能否胜任自己的工作。

所以，人才是企业发展的一切动力，在录用人才的时候，将最合适的人放在最合适的岗位上。如果非要赶鸭子上架，不仅是对人才的浪费，也是对企业的损耗。

CHAPTER 5
控制权力，将他人当作棋子

控制权力，将他人当作棋子

非常手段才能出奇制胜

抓住把柄，逼对手放权

巧用权力的威慑力使对手退让

攻心为上，让对手为你服务

非常手段才能出奇制胜

一般手段就是按照既定的安排或者原则去按部就班地做事情，而非常手段则是突破常规，采取大家意想不到的手段，不达到目的就誓不罢休，甚至会采取毒辣的手段。当然，如果一般手段能够办到的事情，谁也不想采取非常手段，因为非常手段有一定的风险性，如果不能完全掌控，不仅会伤害别人，更有可能会伤害自己。

但是，在这个现实的社会中，很多事情仅仅依靠一般手段很难办到，就逼迫一些人不得不采取非常手段，而在这些非常手段之中并非每个手段都是出手见血的。假如你要处理某件事，结果在某个环节被卡住了，这时就急需一个熟人帮你打通关系，恰好你有这方面的熟人，那么你可能给他打一个电话就能轻松解决所有的困难了。但是，在你死我活的政治场合，如果想解决一些问题，并非是一个电话，或者请人吃顿饭就能够解决的，此刻，你就不得不采取非常手段了。

随着记者佐伊·巴恩斯调查罗素死亡事件的逐渐深入，越来越多的证据指明幕后的黑手就是弗兰西斯。虽然弗兰西斯多次劝说佐伊别再调查这件事请，并否认自己就是密谋杀害罗素的人，可是作为记者的佐伊就是想将这件事调查个水落石出。她认为凭着自己与弗兰西斯的亲密关系，他不会将自己怎么样，所以一次次将自己调查的内幕透露给弗兰西斯。最终，弗兰西斯感到了危机，越来越觉得不除掉佐伊，此人必将成为阻碍自己仕途的绊脚石，甚至还可能危及自己的生命。于是，弗兰西斯将佐伊骗到地铁站内，将其推下了地铁轨道……

佐伊之死虽然有证据说明是自杀，但是佐伊的男朋友卢卡斯·古德温并不这样认为。他觉得佐伊的死亡肯定与弗兰西斯有关，于是，他到处秘密寻找证据。卢卡斯曾找过罗素的女朋友克里斯蒂娜，当面指出罗素死亡的幕后黑手就是弗兰西斯，但罗素死后，弗兰西斯已给她在政府找到了很好的职位，因此，克里斯蒂娜不想再被过去的事情所牵绊，她只想忘掉过去一切的不愉快，平平淡淡地过自己的日子，所以，她拒绝了卢卡斯的请求。卢卡斯又去找《华盛顿先驱报》曾经的首席政治记者简宁，请求她帮助调查，也被拒绝了。无奈的卢卡斯只能依靠自己去调查了。

其实，卢卡斯在想尽一切办法调查弗兰西斯的时候，弗兰西斯的幕僚道格也在寻找到底是谁在暗中调查弗兰西斯。因为弗兰西斯当上副总统没有多久，道格不希望这件事影响到他的政治生涯，希望找到这个人，从而让这件事“消失殆尽”。

于是，道格去找做警察的朋友帮忙。

警察朋友有些犯难了，觉得找到这个人很容易，但是他没有犯法，如何将他关进监狱或者处死？道格严肃地说：“他没有犯法，那我们就助他一臂之力吧！”

于是，一场秘密行动开始了……

一个神秘的人物出现在了卢卡斯的生活，这个人就是加文·奥赛。他是很厉害的网络黑客，在网络的世界没有他办不到的事情。为了取得卢卡斯的信任，他在卢卡斯的帮助下顺利进入《华盛顿先驱报》网站的后台，让卢卡斯不得不信任加文的能力。后来，加文鼓励卢卡斯进入政府网站的后台，这样就可以掌握政府的动向了。报仇心切的卢卡斯觉得这是个不错的机会，可以报复弗兰西斯。于是，在加文的“教导”下，卢卡斯的黑客技术越来越熟练，但是加文又告诉他一个难题，要想完全控制政府必须要在政府网络服务器上加入一个芯片，并且帮他模拟了加入芯片的方法和技巧。

卢卡斯以白宫网络服务人员的身份，出现在白宫网络服务器管理者的面前。在服务人员的陪同之下，卢卡斯一步步向自己的目标服务器靠近。这条路线卢卡斯再熟悉不过了，因为他在电脑里演练了上百遍，所以他轻车熟路地找到了要插入芯片的服务器。就在卢卡斯偷偷掏出芯片，刚要插入的时候，警察突然出现，当场逮了个正着。

结果是，卢卡斯以盗窃国家机密罪，将面临至少35年的牢狱生活。

大家都心知肚明，这一切都是道格在警察朋友的帮助之下为卢卡斯设置的一个局，目的就是通过“助一臂之力”，让卢卡斯进入监狱，停止对弗兰西斯的调查，这一次弗兰西斯还是赢了。如果不是采取这种非常手段的话，估计最后进入牢狱的就是弗兰西斯了。

这种非常策略不仅现代人在采用，古人也常常采用，进而达到对政权的控制。

赵宋兴，受周禅。三字经里概括这个朝代的六字中间，同时也隐藏着另一种形式的“君主专制”制度。这一专制制度尽管消除了唐后期藩镇割据、宦官专权、朋党之争的弊端，但它过分削弱地方力量，最后使州县日益困弱、逐渐演变成面对战争无力抵抗的局面，直接造成了宋朝的积贫积弱。

宋太祖登位没多久，就有两个节度使起兵反对宋朝，且实力不弱。为了安抚民心，宋太祖决定御驾亲征，最后消耗了很多精力才将他们平定。站在高处的宋太祖心里十分担心，深怕身后忽然有股冷风将他袭倒，他开始思考历朝历代衰败的原因，探究为何总有人造反。

在一个深夜，越想越不踏实的宋太祖找来赵普，将自己的担忧告诉了他，赵普感到宋太祖对自己的信任，斗胆说出了自己的看法。他认为历朝之所以战乱不停，且最终衰败的原因都是内部混乱，最主要的原因是下面官员的权力太大。他提出，如果把地方节度使的权力逐渐移向朝廷中央，自然能避免由于内部混乱而导致衰落的战争。

隔天，赵普再次进言，提议将曾陪宋太祖出生入死的朋友石守信和王审琦两人调离军队。宋太祖心想这两个人就是有勇无谋的匹夫，完全不用有他们会动摇江山的担忧，赵普看出了宋太祖的心思，忙说："臣也不担心他们会背叛陛下，但是如果他们的部下贪图富贵，万一有作孽之人拥戴他们，他们能够自主吗？"

对赵普大大赞赏的宋太祖当天晚上就设宴请这两位大将，喝了几杯酒后，就在出生入死的兄弟面前直接说出了心中的担忧。石守信和王审琦闻听此言，当即跪下，叩请圣上指点一条出路，宋太祖急忙叫他们起来，随后将自己的安排告知他们，希望他们交出兵权去一个地方安详地当个地方官，快活地度过后半辈子，而且又让他们结为儿女亲家，以表昔日彼此间的感情。两位大将见宋太祖安排得如此恰当且言语诚恳，隔天就在上朝时递交了归隐山林养老的折子。

中央政权日益强大，让宋太祖忐忑的事再也不会发生了。来年春天，太祖邀请各地节度使过来一聚，在聚会中有谦虚明白事理的节度使，也有不解实情的莽夫，宋太祖按同样的方法，逐个击破，解除了他们的所有兵权。

“杯酒释兵权”采取了削弱地方官员权力的方式，使得国家最高权力仅集于皇帝一人，地方政权在政治、军事等方面没有了自主性，权力收回中央，大大加强了专制主义中央集权制，同时也造成了宋的积贫积弱。

要想消除隐患，掌控权力就要当机立断。如果发现自己的权力将要受到威胁的时候，要及时解决，将这种苗头扼杀在萌芽之中，而不要任其肆意成长，否则就难以把控局面，即使能处理，那也需要花费更多的精力和成本，甚至要高出几十倍。

权力不仅是职位的象征，更是地位、金钱的象征，所以从古至今，很多人将权力视为一切，甚至为了追求它不惜牺牲自己的生命。一旦拥有权力，就想完全掌控权力，可是往往会事与愿违。虽然你已取得了很大的权力，可似乎并不会马上得到下属的认可，往往是你让员工往西走，员工却非要往东走，甚至经常流露出对领导的不满。其实，这并非是员工的错，而是领导者与下属的认识没有处在同一频道。只有提升员工的认识，让员工与领导者的认识在同一频道，下属才会明白领导到底在说什么，说这些话的目的是什么，才能找到正确处理这件事的方法和技巧。那么如何提升下属的认知力呢？

1. 了解企业文化

要想让员工的思想能够跟上上司的步伐，必须让员工对本企业的文化有深刻的了解，这种了解并不是员工入职时让他读一遍企业的规章制度。规章制度是死的，人却是活的，企业文化要在员工心中彻底活起来。上司要让下属了解企业未来的发展目标是什么，每一个阶段的发展目标是什么，让员工知道实现这一目标自己该做些什么。下属只有明白了这些，才能理解上司每一步要求的目的是什么，才能理解上司，支持上司。

2. 增加培训，提高认识

社会永远在不停地发展变化，尤其进入互联网时代，日新月异已经不足以形容社会的发展变化速度，每天都会有大量的新信息产生，同时又有数不清的旧知识消失。最直接的结果是，人才容易脱颖而出，也容易遭到淘汰。

为了使自己更好地适应社会的变化，提升竞争力，员工只有通过培训，利用公司的优势，获取新知识、技能，增加自身的有效价值，成为具有更专业资质的员工，成为公司发展最不可或缺的人才。不仅可以稳固你的职位，还能使自己在专业领域得到进步成长，从而增加晋升的机会。

3. 正确处理企业内部的人际关系

正确的人际关系是提高工作效率的动力。在一些大的企业内部逐渐形成了一套“政治”，这种政治关系不仅不会推动企业的发展，甚至还阻止了企业发展的速度。员工不但要保证效率，还需要处理这种关系，无疑会降低工作效率。所以，消除“办公室政治”对员工有百利而无一害，让员工将所有的精力都放在工作上，只有这样才能提高工作效率，才能使员工跟得上上司的步伐。

抓住把柄，逼对手放权

人常说真正的敌人是自己，可见一个人倒下了，很有可能是自己将自己整垮的。如果你是一个无缝的蛋，苍蝇不可能到你跟前来；如果你是一个没有把柄的人，就不会被别人抓住小辫子。为人不做亏心事，半夜不怕鬼敲门。

朋友之间吐露隐私，就有可能成为对方要挟你的把柄，因此，在人际交往中，应该懂得矜持之道及胸有城府，以免别人以把柄要挟，使得你沦落到受制于人的悲惨境地。

曾经有报纸报道，有一个人曾经是无业游民，既不会种地更不会经商，但是他在极短的时间里，不仅拥有了地位，更是腰缠万贯。他突然暴富的原因就是他学会了盯梢，而盯梢的对象就是当地的领导干部，他将这些人的隐私收集起来，以把柄要挟他们就范，先后有二十多位领导的把柄被他抓住，而他也摇身一变成为了村长、人大代表。这则故事听起来近乎“荒诞”，却是真实发生的。

如果这些领导干部两袖清风，何来把柄？正是有些领导不洁身自好才使得这个苍蝇趁虚而入。所以，无论在生活的风口浪尖，或者在政治和经济的权力核心，必须行为端正而不能忘乎所以，否则伸手必被抓。

弗兰西斯的把柄被佐伊掌握了，结果她被推下了地铁；弗兰西斯的把柄被罗素掌握了，罗素在自家的车库被“自杀”了；弗兰西斯的把柄被卢卡斯掌握了，卢卡斯进了监狱……他们这些人之所以有这些下场，主要是因为他们掌握了弗兰西斯的把柄，这些把柄随时都可能将弗兰西斯置于死地，所以，弗兰西斯不得不将这些人处理掉。

在《纸牌屋》中，由于掌控了别人的把柄，不得不受控于他人的现象随处可见。

道格遇到了麻烦问题，被瑞秋要挟。其实，最终是一个彼此掌握对方的把柄，互相纠缠在一起的故事。道格用瑞秋作为诱饵来陷害罗素，使得罗素在竞选之后，连最后一次翻身的机会都失去了。后来，罗素“自杀”了，为了避免让调查罗素死亡的人追查到瑞秋，从而暴露自己，进一步暴露弗兰西斯，道格带着瑞秋四处躲藏，多次搬家……但是，瑞秋知道这件事情对道格的意义重大，所以，在很多时候，瑞秋违背道格的意愿去犯各种错误。由于自己的把柄在瑞秋手中，道格只能忍着，不得发作。而瑞秋也有把柄在道格的手中，所以道格对她的控制和干涉，让瑞秋忍无可忍，最后将道格杀死在树林之中……

如果你最近感觉比较烦，你的生活习惯总是莫名其妙地被人打乱，那么这个时候你就要静下心好好想一想是什么原因造成的，是不是自己的某些把柄被别人掌控了。也许在你有能力帮助别人时你没有去做，那么就有可能被人寻到把柄来报复你。也许你已尽心尽力地帮助了别人，但是事情远没有达到对方的满意度，于是他就有可能故意找你的把柄来表示自己的不满。你明明很软弱却不承认，而拼命强装，从不敢在别人面前暴露自己的软弱，看似伪装得很好，其实，对方已经识破你，这也会成为你的新把柄。

常言道，得饶人处且饶人，说的不仅是一种处事方式和个人的胸怀，更能利用这样的胸怀让犯错的人自我改善，通过一传十，十传百，百传千的方式使善良得到传递，这是一种极快改善社会风气的方式。

子曰：成事不说，遂事不谏，既往不咎。汉代有一名武将名叫朱博，被调任为地方文官后，因为采取了宽容的方式解决了一方忧患而受人爱戴。

朱博管辖的长岭一带有个名为尚方禁的大户，据曾被其迫害的百姓匿名告发，尚方禁在年轻时私通别人的妻子，被人用刀砍伤了脸，至今脸上还有疤痕。功曹（郡府的属吏）收到尚方禁的贿赂，告诉朱博，请尚方禁担任守尉。朱博知道情况后十分愤怒，但还是迅速冷静了下来，定下了一条妙计。

他先派人请尚方禁前来问话，喝茶聊天期间朱博发现他的脸上确实有疤痕，便问道："你脸上的伤是怎么回事？"

尚方禁自知事情已无法隐瞒，连忙叩头说明。朱博听后哈哈大笑，让尚方禁的心里摸不着底了。朱博亲手将跪在地上求饶的尚方禁扶起来，说："大丈夫一时错误发生这种事，现在我想为你洗清这个耻辱，你能为本官效力吗？"尚方禁又惊又喜，忙回答道："一定尽死力报效大人。"

尚方禁对朱博的安排十分尽力。因为他在大家眼里本就是出了名的恶霸，做坏事的人对他都是没有防备的，所以办起事来非常方便，短短几个月内就帮助朱博破了很多案件，使长岭一带的犯罪率大大降低。

在案件处理得差不多的时候，朱博再次请尚方禁前来商讨，希望他说出功曹收过他多少贿赂。随后朱博召见功曹，将尚方禁的揭发材料丢给跪在地上的功曹，功曹双手发抖地看完，急忙求饶。朱博又大声呵斥他是否还有其他贿赂事件，功曹自知无法隐瞒，只能走一步算一步，若是自己交代或许还能活久一点，于是就把自己犯过的事一五一十地交代得一清二楚。朱博了解实情后，当场拔出剑来，功曹吓得魂都丢了一半，不料朱博却是将剑刺向了地上的罪名纸，瞬间毁成纸屑，很快就被风吹得七零八落的。

等待发落的功曹动都不敢动，朱博收回宝剑，说给他一次改过自新的机会，叫他回去好好反省，若再犯就要加倍惩罚。功曹愣了一会儿，急忙磕头谢恩。从此，他再也没有利用职务之便谋取私利了，行事谨慎且不敢有半分失误，朱博也继续提拔他。

每个人都想轻松自如地活着，可是未必都能如意。总是担心自己这个做不好会被别人笑话，那个做不好会落下把柄，结果越是着急落下的把柄越多。而且，很多人活得不痛快，重要的原因是自己抓着自己的把柄不肯放手。很多年前做了一件错事，大家也许早忘记了，但是他自己一直记着，时不时地拿出来折磨一下自己，一直无法走出过去的阴影。所以，要想活得轻松愉快就应该懂得放下，放下那些不愉快，让自己的内心充满阳光，这样你的日子也能越来越轻松。

每个人都想将自己的长处展现给大家看，而对自己丑陋的一面却拼命掩盖。相对来说，那些狡猾的人就很难被人抓住把柄。可是“道高一尺，魔高一丈”，再狡猾的狐狸也会露出尾巴来。那么，该如何做才能让那些狡猾的人露出马脚，暴露自己的把柄呢？

1. 旁敲侧击

如果事先惊动了对手，那么对手就会提早做好准备，但是有意识地打草惊蛇，可能对毫无准备的对手造成恐怖和惊慌，手忙脚乱之下，很容易就暴露了自己的把柄。

2. 引诱交代

要想利用好这种方法必须把握住两个问题。一是要把握住引诱的时机和程度。如果时机把握不准，不但无法达到自己想要的效果，甚至会弄巧成拙。如果引诱的程度过小，对方可能会不为所动，就不能达到目的；如果引诱的程度过了，可能适得其反，反遭对方算计。二是引诱的方法和手段一定要高明。要不显山露水，让对方在神不知鬼不觉中，心甘情愿地钻进你的圈套，一步步走向你所要的结局。

3. 找准对方的兴趣

我们最怕的是对方没有兴趣爱好，只要找到对方的兴趣爱好，那么就相当于找到了他的突破点。对有些人来说，兴趣爱好就是最大的弱点。抓住对方的兴趣点，然后投其所好，说不定会找到对方破绽，从而抓住对方的把柄。

巧用权力的威慑力使对手退让

权力不仅是地位的象征，更是身份的标志。同样，权力也可以获得钱财、待遇等有形的利益，往往诱发人类内心那些不良思想，使之对于权力趋之若鹜。一个人在家中有了权力，那么什么都是他说了算；一个人在单位中有了权力，就会引得无数人恭维；一个人在社会上有了权力，就会有更多的人去巴结。这是权力利益化的集中表现，也是对权力的亵渎。

权力的无限膨胀，最终导致的结果就是武断和残暴。一个人一旦垄断了权力，就听不进去任何人的建议和意见，就会凌驾到权力之上，为非作歹，肆无忌惮。真正的权力是相互制约相互监督的，这样才能保证大家的权力不受到侵犯，才能让权力转化为最大的效能。但是，如果权力膨胀到一定地步，就会失去掌控。这时解决此问题的唯一办法就是“杀一儆百”。在意见纷纭、工作受到众多阻挠的时候，为使上下齐心，法令得到贯彻执行，有必要用严厉的手段来对付，此谓“不以霹雳手段，怎显菩萨心肠”。

在弗兰西斯的字典里面没有失败，当遇到挫折的时候，他总会痛定思痛，相信只要自己亲自出马就能扭转败局，一局牌输了并不是人生的彻底失败。他放低姿态找雷米合作，找佐伊要求恢复“职业关系”，找机会杀掉了扶不起的罗素，凭借自己的如簧巧舌说服了副总统吉姆去重新竞选宾州州长，甚至以强硬的手腕搞定了总统的幕后亲信塔斯克。最终在总统决定提名他为下一任副总统时，弗兰西斯以近乎完美的演技大大方方地笑纳下来，先是语无伦次地表示出乎意料：“先生，我……我都不知道说什么好了！”然后语气坚定地说，“是的，这真是莫大的荣幸，总统先生。”

弗兰西斯凭借自己的政治手腕，让阻碍自己前途的人一个个不得翻身，甚至因此而改变了人生轨迹和命运。

佐伊被弗兰西斯暗杀之后，虽然各个方面的证据证明佐伊是卧轨自杀，但是佐伊的男朋友卢卡斯并不这样认为，于是，卢卡斯到处寻找证据。他去找到罗素的女朋友克里斯蒂娜，对她说罗素是被弗兰西斯谋杀的，但是她拒绝了他的请求，她只想过安稳的日子。卢卡斯只能去找《华盛顿先驱报》的前首席政治记者简宁，此刻的简宁已经成为一个偏远山区的小学老师。自从佐伊突然死亡之后，简宁认识到如果自己继续调查罗素死亡之因的话必然落得和佐伊同样的下场，因为她面对的是有权有势的弗兰西斯。当简宁意识到这点的时候，便放弃了记者的工作，回到乡村老家照顾年迈的母亲，陪着母亲过完安逸的晚年生活，并在乡村找了一份老师的工作，在这里每个人都是单纯的、简单的，没有尔虞我诈、钩心斗角，这是她最想要的生活。

罗素与佐伊的突然“自杀”，让简宁看到了自己以后的下场，这一招“儆”住了简宁，让原来信心十足地要将罗素死亡真相调查个水落石出的简宁，不得不立马放下一切，回到自己的家乡。

每个人都有不同的特点，都有对事物的不同看法，所以社会才变得复杂而丰富多彩。但是社会的复杂让人与人之间的关系也变得更为复杂，随之就会出现复杂的矛盾，甚至有些矛盾是不可调和的，那么就有必要采取一些强制性措施，让人引以为戒。

司马迁在《史记》中写过这样一句话:“周西伯昌之脱羑里，与吕尚阴谋修德以倾商政，其事多兵权与奇计，故后世之言兵及周之阴权皆宗太公为本谋。”不可否认，姜子牙的治国才能很值得后人推崇。

姜子牙治理齐国之初,东海上有被时人称为“贤人”的狂矞、华士，自耕自食，不向天子称臣，也不为诸侯做事，以离群避世来对抗新生的齐国。姜子牙做的第一件事就是杀掉他们。周公很不解，这样与世无争、安安分分过日子的两个人不会对齐国怎么样，更不会对大周造成什么影响，为什么要杀掉他们呢？姜子牙是这样解释的，一个国家是由人组成的，要治理好国家就要治理好百姓，不服从已定规章的人必会后患无穷，一个“自由”人没关系，若与世无争的“自由”人多了，自然就会动摇国之根本。

姜子牙还以马为例对周公表明了自己的想法，再好的马若不能驯服都不是好马，留着也没用。狂矞和华士的事已经让很多人知道了，若更多的人都效仿他们，那么齐国就像一盘散沙一样难以治理，而国家又要如何对待遵纪守法的百姓呢，统治者的威望就是这样体现的。

听完姜子牙的解释，周公便问有何好方法能帮助治国，姜子牙提出，通过租和卖给他们生存必需品来控制人们；同时把不同姓氏、不同户籍、不同种族的人分类，这样原本平等的人就变得不平等了，只有最低阶层的人不感谢你，其余人都会因自己身价的高人一等而心存感激。

真正有效的权力是相互制约且相互监督的。只有让权力在职责范围内实施，才能保证权力发挥最大的作用。关键是掌握权力之后，有的人就会凌驾于权力之上，使没有权力的人难以制约和监督，所以才有了权力的滥用、效能低下等情况。那么当权力膨胀的时候，如何通过“杀一儆百”来制约权力呢？

1. 锁定目标

当下属的权力过于膨胀时，这不仅会侵犯其他人的权利，更可能会随时打破既定规则。此刻，“杀”谁才能“儆”住更多的下属呢？首先要“杀”的是最活跃最有影响力的那个，其次，要“杀”权力最大的，最后还可以“杀”与自己关系最亲密的。只有这样才能维持权力的平衡。

2. 手段要狠

对于那些权力膨胀的下属，你不要一味地退让，否则就会被认为软弱，那他们还会去服从你的领导吗？当然不会。因此，要想维持权威，必要的时候出手一定要狠、准、稳，最好能一击即中，达到威慑的效果，这样他们才能有所收敛，你才能更好地行使自己的权力。

3. 后期安抚

“杀”了之后，不能留下血淋淋的“现场”，这样你给团队留下的只有冷血与无情，那还会有谁愿意跟着你干呢？所以，“杀”是你冷的一面，“安抚”更能体现你的人情味，软硬兼施，才能让你的下属服服帖帖地跟着你走下去。

攻心为上，让对手为你服务

攻心为上，说白了就是心理战。运用心理学的原理，以人类的心理为战场，有计划地采用各种手段，对人的认知、情感和意志施加影响，在无形中打击对手的心志，以最小的代价换取最大胜利和利益。

在一些战争影片中我们经常可以看到这样的情景：战斗打响后，双方炮火猛烈地攻击着对方。一旦停止攻击，一方就会冲着另外一方喊话，大概意思就是，我们都是兄弟，没有必要非得拼个你死我活；或者是告诉对方自己已经占领了他们的要害阵地，让对方觉得抵抗都是无谓的牺牲；或者通过飞机向对方的阵地散发传单，揭露对方统治者对人民不可告人的残暴的一面，从内心瓦解对方战士的内心，让他们觉得为这样的领导者拼命不值得，从而放下武器……总之，通过瓦解对方的内心，以最低成本的牺牲，换取自己最大的胜利。

当然攻心为上的战略也可以用在一般人身上，通过这些手段，或者树立斗志，或者瓦解志气，让人从内心改变认识，进而接受或者认可自己。

当青年康纳·埃利斯直接来找克莱尔，说自己是最佳人选，要当克莱尔与弗兰西斯的私人助理时，克莱尔看着这个年轻气盛的青年有些可笑，问道："你有什么资格做我们的助理？"

康纳没有直接回答克莱尔，而是说："在过去的十年，你和你丈夫的新闻比内布拉斯加州的普通国会议员的都少！"

克莱尔说："那是我们不想做观众的焦点。"

康纳直言不讳地说："我没有说你们应该那么做，不过我猜你丈夫，即将出任副总统对吧？让现任的副总统远离媒体视线更为困难，但只要我们给媒体喂够新闻，这并非不可能。"

克莱尔似乎对康纳的话感兴趣了，便问："你在哪里长大的？"

康纳说："德州，跟你是老乡。"

克莱尔说："达拉斯？"

康纳说："卢博克。不过我的口音比你的口音重多了。"

康纳的话让克莱尔越来越感兴趣："你怎么知道我的口音？"

康纳看克莱尔对自己的话题感兴趣，于是很得意地告诉克莱尔："我看过你丈夫1986年竞选州长时，你们的初次联合采访。"

克莱尔一听康纳竟然看过1986年的采访，对康纳的话题更加感兴趣："你是在网上看的吗？"

康纳说："不是，我联系了格林维尔的当地电视台，他们不肯把录像带邮寄给我，于是我去他们的地下室看的。"

克莱尔问："去南卡罗来纳州吗？"

康纳很自豪地说："我应聘一份工作时会做足功课！"

克莱尔看到康纳为了赢得这份工作对自己了解如此透彻，有些感动，这份工作不给这样的人，还能给谁呢？

最终，康纳赢得了这份工作。

当佐伊的上司汤姆严禁她继续再上电视台的时候，佐伊为难了，一边是出名的机会，一边是自己的铁饭碗，该怎么选择呢？

佐伊犹豫不决，她想到了打电话向弗兰西斯求助，但是弗兰西斯并没有着急替佐伊拿主意，而是说："你闭上眼睛。"

佐伊闭上了眼睛。

弗兰西斯问："你的眼前出现的是什么？"

佐伊说："摄影机镜头。"

弗兰西斯接着问："还有什么？"

佐伊闭着眼睛说："电视。"

弗兰西斯问："还有什么？"

佐伊呼吸似乎有些急促："成千上万的观众！"

弗兰西斯说："你知道该怎么做了！"

佐伊睁开了眼睛，顿时豁然开朗。

弗兰西斯并没有告诉佐伊选择上电视台是她最佳的选择，而是通过一步步的引导，让佐伊明白自己内心深处最喜欢的是什么。所以佐伊果断地放弃了工作走向了电视台。弗兰西斯采用的就是攻心为上，引导佐伊听从内心最深处的声音，只有这样选择出来的答案才是最正确的、无怨无悔的。

通过攻心术，可以帮助自己了解敌人，了解敌人也是了解自己，只有这样才能保证每次的战斗都不会有危险；不了解对方但了解自己，胜负的概率各半；既不了解对方又不了解自己，每战必败。

提起空城计我们最容易想到的就是诸葛亮，其实历史上最先用此战略的并不是他，而是春秋战国时期郑国的上卿叔詹。

在历史故事里总有红颜祸水的说法，这次空城记也离不开美人这个导火线。楚国的楚文王死后，他的弟弟公子元对文王的妻子文夫人心生爱慕，丝毫不顾兄嫂的名誉，用了很多方法去追求，遗憾的是一直没有打动美人心。于是公子元想建一份伟业来讨得美人的欢心。

公子元带着必胜的心，亲自带着士兵去攻打弱小的郑国。楚军的士气随着攻打城池的临近而愈加强悍，马不停蹄地向郑国进发。此时郑国上下一片惶恐，群臣议论纷纷，有的提议求和，有的宁死不屈，有的主张固守待援，只有上卿叔詹提议自己有一计可等到齐国的支援。他说，公子元攻打郑国的目的是为了讨好文夫人，他急于求成的心刚好是我们攻破的弱点，郑国不应采取直接应战的策略，而要城门大开，不设防，街上店铺照常开门，百姓往来如常，我们的士兵则躲在暗处设下埋伏，等待齐国的救援，一心求胜的公子元心中肯定会有顾虑，因害怕失败而不敢攻打。

果然不出所料，公子元率军来到郑国城下，见此情景，觉得城内太过正常，其中肯定有诈，决定暂不攻城，先探清消息再说，这恰恰中了上卿叔詹的计策。

齐国听闻郑国遭遇险境，急忙联合周边的鲁国、宋国去救援。当意气风发的公子元在看到三国援军的时候，已知无法获胜，不愿再打这没底气的仗，于是连夜带领士兵悄悄撤走了。

次日，上卿叔詹向郑王禀告楚军已走，可是远远看去，楚营依旧是战旗飞扬，无论如何都不敢相信。叔詹让众人看营上盘旋的飞鸟，大家这才明白过来。飞鸟怕人，不会在人多的地方聚集，看来楚国也反用了空城计来误导他们。

其实，不难看出空城计就是一种心理战术。在对方不完全了解实情的条件下，虚虚实实地向对方暴露一些东西，让对方无法判断真正的意图，从而产生怀疑，不敢贸然进攻，为自己赢得更多的时间和战斗力。当然在利用空城计的时候一定要对对方指挥官的性格和心理状态有十分明确的了解。如果不了解情况就盲目使用空城计，很可能会是搬起石头砸了自己的脚。

处理人与人之间的关系是一件复杂的事，如果能够把握他人的内心，那么就可以提前做好应对的策略，进而掌控对方，让对方为自己所用。可是，在现实生活中，我们不可能一眼就能看穿他人的内心，那么如何才能攻破他人的心理防线，走进他人的内心呢？

1. 洗空脑袋，装进一个美梦

在实施的时候一定要将人性的弱点放大，让人们深刻理解弱点的痛楚，然后通过列举成功事例，激发他们的欲望和斗志。当然仅靠一次激励是难以有效的，要经过长期的、不断的、反复的过程，直到他们坚信自己也能像那些成功者一样可以成功，就算成功了。

2. 以情动人

爱情、友情、亲情是我们活着的最大动力，也是我们内心深处最在意、最温暖、最柔软的存在。既是一个人最强的支撑，也是一个人最大的破绽。攻心术讲的就是直击弱点，而情恰好完全没有防线，所以，以情动人是最直接最简单的攻心策略。

3. 夺其所爱

每个人在内心深处都隐藏着自己最为珍贵的东西，如果能够找到，就相当于找到了对方的突破口。譬如，一个人视名誉为生命，那么我们可以找到一些能够让他名誉扫地的把柄，以此为要挟，逼其就范。

4. 不断施加压力

一个人的承受能力永远是有限的。如果不断施加压力，甚至有时出现叠加效应，最后再也无法承受了，心理防线就会崩溃，不得不彻底屈服。

CHAPTER 6

权力是把双刃剑，不小心会伤害你

权力是把双刃剑，不小心会伤害你

当处于劣势时要懂得借力使力

借坡下驴，学会卖人情

审时度势，为达成目标学会妥协

处心积虑，为自己创造机遇

当处于劣势时要懂得借力使力

在社会上要想立足，就必须学会多换位思考与遵守规则，学会借力，利用好游戏规则为自己创造获取利益的条件，这样才能走得更好、更稳健。

为了彻底打败雷蒙德，弗兰西斯与道格兵分两路分别去游说雷蒙德的合作伙伴——丹尼尔·拉纳金和赞德·冯，希望他们不要继续与雷蒙德合作，并切断对共和党的资金流。冯依然提出了曾经提出的要求，那就是美国继续对中国提出汇率操纵诉讼，并且希望能够继续修建杰斐逊港大桥。与此同时，弗兰西斯把印第安商人丹尼尔·拉纳金邀请到了家里，当弗兰西斯提出他的要求时，拉纳金很直接地问道："我还在等你提条件呢。”

弗兰西斯说：“你是个商人，我知道你最关心的是利润，但我给你的好处远比钱有价值：通往白宫的直达线。我在印第安人事务局有势力，能操控联邦赌博立法。”

拉纳金很不屑地说：“这种影响力我早就利用投资就买到了。”

弗兰西斯说：“但却没有我的直接参与和总统的侧耳倾听。”

弗兰西斯的意思是你用金钱办到的，没有自己与总统亲自办理的含金量高。

拉纳金反问道：“你知道我为什么喜欢钱吗？我可以把钱撂在桌子上，就像这张，我可以拿码尺量，我能看到，闻到，拿来买东西，豪宅、靓车、衣服，实打实的东西，你不能空手套白狼啊！”

弗兰西斯不可能用金钱来满足拉纳金的要求，因为他不是商人，而是政客。

弗兰西斯似乎有点底气不足，只能说道：“丹，我请你来我家是因为我以为——”

拉纳金直接打断说：“除非你给我的钱比塔斯克的多，而我觉得你做不到，我们就没有什么好谈的了。”

弗兰西斯继续诱惑道：“我这可是让你跟每天在白宫上班的人形成联盟啊！”

拉纳金回答道：“我不会相信任何一个白人，尤其是为联邦政府效力的人。”

弗兰西斯赶紧随声附和道：“我跟你一样，丹，我知道白手起家的滋味，要一路打拼——”

弗兰西斯打算打催泪弹，可是被拉纳金阻止了：“你不知道做我这种人的滋味，你所谓的白手起家跟我不可同日而语。”

弗兰西斯赶紧改变策略说：“我很尊敬你，我很看重你——”

没想到拉纳金却说：“可惜你现在是剃头挑子一头热。”

弗兰西斯被拉纳金的这一句话说得顿时不知道该如何回应才好。

最后。两个人不欢而散。

弗兰西斯一方面继续说服总统同意修建杰斐逊大桥，以满足冯的要求；另一方面积极促使印第安酋长怀特霍尔的部落合法化，支持他们开设赌场，希望给拉纳金施加压力。

没过几天，弗兰西斯果然收到拉纳金的会面邀请。当他来到拉纳金那里时，竟然看到雷蒙德也在场。于是，各怀心思的三只老狐狸开始了一番讨价还价。

雷蒙德说道：“你帮我修补和加勒特的关系，丹和我就让资金流回正常的方向。”

弗兰西斯有些生气，回道：“这样如何，我让印第安人事局调查你们俩与冯的关系、洗钱——”

雷蒙德笑道：“你可以，但你不会，你不敢，我已经资助民主党几年了。”

拉纳金补充道：“你一直是他们的党鞭。”

雷蒙德继续说道：“你拉我们下水，就会牵连自己，还有所有的政府高层。”

无论是黑猫白猫，逮住老鼠就是好猫。在残酷的政治战场上这招也照样适用，无论是同伴还是对手，只要能够帮助自己掌控权力、扩充人脉都是好事情。再强大的领导者也不可能三头六臂，所以，要想在职场生涯中游刃有余，就要学会借力使力，这样才能打开局面，取得更大的成就。

杜月笙在近代历史上被称为“中国黑帮老大”和“中国第一帮主”。他不仅出入黑白两道，而且游刃于商界、军界与政界，将触角伸向金融、工业、新闻报业、教育等领域，可谓前无古人，后无来者。

其实，杜月笙出身贫寒，父亲杜文庆在一家茶馆当伙计，在杜月笙 4 岁的时候，她的母亲突然病逝，两年之后父亲也去世了。家里最重要的两位亲人都相继离去，杜月笙彻底失去了经济来源，所以他只上了半年私塾就辍学了。在街坊邻居的接济之下，杜月笙好不容易熬到了 14 岁。当他 14 岁的时候，他觉得自己已经长大了，不能再依靠街坊邻居的救助了，他要靠自己的能力去生活。于是他开始独自闯天下。

最初他在一家水果店当伙计，主要职责是帮助客户削梨，时间久了就将这个看似不起眼的工作练就得炉火纯青，于是大家送他一个外号“莱阳梨”。虽然杜月笙在水果店干得有模有样，可是唯一让人不踏实的是杜月笙交往的朋友大都是地痞流氓。

后来，杜月笙拜青帮的陈世昌为老大。虽然陈世昌在青帮之中辈分并不高，但是他毕竟是将杜月笙带入青帮的第一人，所以杜月笙对陈世昌一直都很尊敬，当陈世昌年迈的时候，都是杜月笙在照顾他。陈世昌有个不争气的儿子，与别人开办了一家钱庄，结果亏得一塌糊涂，债主带着打手到处找他讨债。杜月笙听到这个消息之后立马将二十万大洋送到了陈世昌的手中，陈世昌感动得鼻涕一把眼泪一把！

其实，真正让杜月笙在青帮崛起的是黄金荣。杜月笙是一个聪明人，他知道要在青帮出人头地，必须得找到一棵可以依靠的大树，陈世昌没有这个能力，那么谁最大就要依靠谁，他瞄准了青帮的头目黄金荣。当时黄金荣已经40多岁了，在上海滩相当有名气，势力范围不仅仅在上海，而且渗透到了江苏、江西、浙江等地。杜月笙在社会已经混了好多年，很懂得察言观色，每次都能够灵活应变。很快，他就赢得了黄金荣的赏识，成了黄金荣的亲信。黄金荣还将法租界最大的赌场交给杜月笙打理。杜月笙很珍惜这次来之不易的机会，于是更加卖力地工作，使赌场的生意越来越好。又过了几年，杜月笙与黄金荣合作开设了三鑫公司，垄断了整个上海滩的鸦片生意。从此，杜月笙、黄金荣、张啸林被称为“上海三大亨”。

杜月笙之所以能在人生地不熟的上海滩混得风生水起，除了遇到贵人之外，很重要的原因就是“会做人”。他的一些名言直到现在仍很适用，比如：“不要怕被别人利用，人家利用你说明你还有用”“钱财用得完，交情吃不光。所以别人存钱，我存交情”“锦上添花的事情让别人去做，我只做雪中送炭的事情”……

古往今来的成功者，谁也不是一生下来就大名鼎鼎，一出山就一呼百应。他们大多总是先隐蔽在某些大人物的后面，借他的风头来交往各路豪杰，借他的声望来壮大自己，一旦时机成熟，或另起炉灶，或反客为主，从而成就自己的一番伟业。

在家靠父母，出门靠朋友，多一个朋友就多一条路，要想在社会上混得好，就要学会认识更多的朋友。有的朋友可以直接对你出手相助；而有的朋友，并不需要他做什么，你只需借助他的人脉就能得到最大的助力。那么如何获得高端人脉呢？

1. 要学会信心满满地去沟通

有气场才更有吸引力，一个没有自信的人，在与人沟通的时候，就会显得很胆怯，害怕被拒绝，放不开自己，像围着一个木桩子在跳舞。

人脉都是在一些重要的公共场合结识的，如果你因为胆怯而缩头缩脑、满脸严肃，谁还敢过来与你打招呼？你怎么可能认识更多的人呢？

2. 你不真诚就不会遇到真诚的人

即使你再专业，有再高超的技术，如果没有别人的信任，一切都是白搭。当你向自己心爱的女人表白的时候，如果对方并不信任你，那么不管你的话说得多漂亮，对方也会认为你在欺骗她。如果你一直真诚地对待一个人，只有一次你对他说了谎话，那么你在他的心目中也会被贴上不诚实的标签。一个不诚实的人在任何场合都很难聚集自己的人气。

3. 懂得与朋友分享

一个懂得分享的人永远不会缺少朋友，但是有很多人不愿意分享，恨不得独占所有的东西，那么他拥有再多的东西也是无用的，内心永远是空虚的。

4. 多参加一些聚会，增加你的曝光率

除非你很有名，没有人会主动跑到你的家里和你交朋友。人是社会的人，只有走入社会才能认识更多的人。学会推销自己，增加自己在一些重要场合的曝光次数，树立良好的形象，展示最佳的气场。一面之缘，互换名片的结识，算不上人脉。只有当双方互相需要时，这张名片才能起死回生。在诸多深深浅浅的人脉关系中，真正能开发的，只有很少的一部分。有的人交友只求感情，交情再深也从不变现；有的人交友只求功利，谈不上有什么交情就急吼吼地去变现。

但这里有一条规律可循：你是什么样的人，就会造就什么样的人脉。直到需要把人脉变现时，你才会发现，无功利目的交往的那些人，往往是最愿意雪中送炭的！

借坡下驴，学会卖人情

金无足赤，人无完人。人只要在复杂的社会中生存，就不可避免会犯错。当有人渴望得到别人的原谅和理解时，又有多少人愿意听他的解释呢？甚至有人会将一个很小的错误无限放大，最后将他逼上绝境。

与其这样不依不饶，还不如借坡下驴，给对方一条活路。成全别人就是成全自己，原谅别人就是原谅自己。在成全别人的同时，内心就会产生一种由衷的幸福感，而且还会赢得更多人的尊重。我们的原谅，我们的爱，会转化成正能量不断延续下去。当有一天我们无意间犯了错，别人也会以同样的心态原谅我们，带给我们无比的温暖和幸福。

弗兰西斯在修改津贴改革法案的时候，遭到了共和党赫克特、柯蒂斯等人的强烈反对。距离投票的日子越来越近了，为了确保津贴改革法案能够通过，弗兰西斯到处登门拜访国会议员，说服他们能够投赞成票，甚至不惜牺牲一定的利益作为交换条件。这一消息很快被赫克特、柯蒂斯知道了，他们又使出了“法定人数点名”的招数。

在投票的时刻，柯蒂斯让自己这边具有投票资格的议员离场，造成人数的不足而使津贴改革法案无法通过。弗兰西斯在少数党领袖艾瑞克森的建议之下打算采用强制手段，将这些离场的议员带到投票现场。

就在投票的休息时间，赫克特来到弗兰西斯正在休息的房间，愤怒地说：“你这招不会管用的。”

弗兰西斯边喝咖啡边回答道：“有可能管用，所以你才会大老远跑过来。”

赫克特说：“我的人正坐着飞机、火车和汽车往这里赶。”

弗兰西斯笑道：“我只要6个人来达到法定人数就行。想想我拿到26张赞成票会怎么样，我有45张。飞机和火车跑得不够快，他们赶不上会议的。”

赫克特说：“我愿意冒这个险。”

弗兰西斯说：“警卫官在工作上很有一套，正好借这个机会让柯蒂斯知道谁才是老大。”接着语气一转，继续说道，“我这是在帮你，赫克特。”

赫克特再次质疑道：“告诉我你想要什么？”

弗兰西斯说：“我们握手同意的那项协议就是我一直想要的，然后我会把参议院还给你。”

赫克特一听有道理，这样自己既可以掌控参议院，而且能够为津贴法案尽一份力，更何况此时弗兰西斯已经动用警卫官强制带回了离席的议员，这意味着这项法案肯定会通过，与其做无谓的抗争，还不如借坡下驴，而且还能够赢得参议院。

于是，赫克特说道：“他们不可能自愿回来。”

弗兰西斯一听高兴了，自己的建议奏效了，忙说：“那就随便挑6个会演戏的人来。”

很快，6个带着手铐的议员，包括赫克特本人被押进了议会厅，津贴法案人数已经凑够。正当弗兰西斯宣布津贴法案通过的时候，柯蒂斯站起来反对说：

“你可以让法案通过，我到时会阻挠主法案的通过。”

弗兰西斯信心十足地说：“你不能。”

柯蒂斯气愤地说：“等着瞧。”

弗兰西斯调侃道：“虽说我很想看你憋两天尿再开始投票，但是我已经跟赫克特达成协议了，替代修正案的通过构成主法案的通过。”

柯蒂斯有些吃惊地回头看了看背叛自己的赫克特，说道：

“没人通知我。”

弗兰西斯笑道：“要注意看细节，柯蒂斯，这可比售价重要得多。”

正是赫克特看清了当前形势，借坡下驴，完美地配合弗兰西斯演完这场戏，自己名利双收。最倒霉的是柯蒂斯，他的盟友已经背叛他了，自己还不知情，继续做着垂死挣扎……

人所尽知，莫罕达斯·卡拉姆昌德·甘地既是印度国父，也是印度最伟大的政治领袖，被人称为“圣雄”。

有一次，甘地坐火车外出办事，由于拥挤，他上了火车后才发现自己的一只皮鞋被挤丢了，而此时火车已经开动。正当大家为甘地感到遗憾的时候，他却迅速脱下另一只鞋，毫不犹豫地扔到了车外。

有人问：“为何不想法找到那只鞋，反而扔掉这一只呢？”

甘地微笑着说道：“我掉了一只鞋，一定会被人捡到，可这反而给那人一些烦恼——一只鞋怎么穿呢？现在，我把另一只也扔下去，那人就不用发愁了，说不定他就可以拥有一双皮鞋了，他会感到很快乐的。而我也不必再为脚上的一只鞋苦恼了，相反，我也会因为那人的快乐而感到快乐。”

当甘地丢掉第一只鞋子的时候，他首先想到的不是自己的痛苦，而是捡鞋子人的烦恼，于是他将另外一只鞋子也扔了下去。这样捡鞋的人因为捡到一双能够穿的鞋而愉快，甘地若留下另一只鞋，就相当于留下了两个烦恼，两个人都无法穿到那双鞋，与其这样还不如成全某一方。甘地选择了成全捡鞋子的人，他虽然失去了一双鞋子，但是在他的内心却多了一份成全别人的幸福。

一个人无论多么富有，学问多么高，如果不懂得帮助别人、成全别人，那么他的内心永远是一片荒芜的沙漠。当他遇到困难的时候，也找不到可以帮助自己的人，只能依靠一个人的肩膀去承受一切。这样的人永远无法体会到真正的幸福！

识时务者为俊杰。无论在何时何地，一定要认清当下的形势，顺势而为，尽量避免走弯路，这样会让你的人生更轻松。那么，该怎么做才能心平气和而又认真地面对生活中遇到的一切人和事呢？

1. 委婉对待别人的错误

老师正在黑板上写字，有学生大声说：“老师您的字真漂亮，和您一样漂亮。”学生说话的语气有些油腔滑调，一听就是在讥讽老师不仅长得丑而且字也丑。但是老师听后却笑着说：“你们和我开玩笑没有关系，但你们不能和自己开玩笑。你们是付了学费的，还占用了比金钱更宝贵的时间来学习，如果上课思想分散，学不到知识，那时间、金钱只能白白浪费了，这岂不是在和自己开玩笑？”学生听到老师这么一说顿时哑口无言。”

2. 可以幽默但千万别伤人

也许很多人都听过这个故事，但用在这里似乎更恰当。据说，李鸿章的一个亲戚，毫无真才实学，但挤破脑袋也要参加科考，等上了考场，打开试卷才发现满纸都是不认识的字，急得满头大汗。快要交卷的时候，他灵机一动，在试卷上写道：我是李鸿章的亲妻（戚）。阅卷老师看到这份试卷的时候觉得很好笑，便在试卷上批注道：本官不娶（取）你。阅卷老师巧借他的一个错字，顺水推舟，来个“错”批。

恰到好处的幽默不但可以活跃交谈气氛，而且能收到意想不到的效果，但幽默过度会弄巧成拙，更容易对对方造成伤害。

3. 将别人从尴尬之中解救出来

有位女演员举办一次敬老宴会，邀请了许多文艺界的老前辈参加。有位 90 多岁的老画家在陪护的陪伴下欣然前往，刚一见面，老人家就紧紧拉着女演员的手不放开，打量了半天。老画家的陪护看到了很生气，便说：“你老盯着人家看什么啊？”老人很生气地回道：“我这么大年纪了，看看她又能怎么样？”现场气氛顿时变得尴尬起来。这时，女演员笑着说道：“您看吧，我是演员，不怕别人看。”一句话轻松化解了所有的紧张和尴尬，借坡下驴，顺势而为，合情合理，既照顾到了陪护的面子，又顺应了老人的情绪，更重要的是缓和了现场的尴尬气氛。

审时度势，为达成目标学会妥协

宽容是一个人胸襟开阔、气量宏大的表现，也是朋友之间相处融洽的法宝。如果一个人老是对别人挑三拣四，动不动就死命较真，那么这个人肯定心胸狭窄、一身臭毛病。宽容身边的人，不是为了赢得美誉，而是一种境界。

如果一个人不小心伤害了你，你为此整天耿耿于怀、闷闷不乐，甚至开始怀疑社会、否定前程，那么，只能说你在自毁前程，也许对那个无心伤害你的人而言，人家早就将此事忘得一干二净了。你是你自己生活的主角，但你不是其他人生活中的主角。你没有那么多观众，要学会放下一切负担，开心地生活。我们每个人都是彼此生命中的过客，珍惜当下，不要以后空后悔。

弗兰西斯为了自己的前途，牺牲了罗素管辖下的造船厂，为了回报罗素，他答应推荐罗素竞选宾州州长。为此，弗兰西斯没有少费功夫，甚至发动妻子克莱尔去说服两位摇摆不定的议员。可是，克莱尔在出发之前遇到了说客雷米，在丈夫的利益与自己的利益面前，克莱尔服从了自己。当弗兰西斯还指望克莱尔用自己的魅力说服最后两位正在犹豫不决的议员投给罗素赞成票的时候，克莱尔却对他们说："我不是来替我丈夫说服你们非得投罗素的一票的，而是希望你们听从自己内心的声音。”最后这两位议员投了反对票。当弗兰西斯知道这一切是克莱尔在背后搞鬼的时候，与她大吵了一架，但这又能怎么样呢？夫妻床头吵架床尾和，弗兰西斯还是原谅了克莱尔。

有一天，弗兰西斯回家后，发现克莱尔“失踪”了，便让道格秘密寻找，很快得到了结果，克莱尔在自己的老情人亚当那里。弗兰西斯没有摔碗砸锅，知道了她的去处反而安心了，继续按部就班地上班。当克莱尔回到家的时候，弗兰西斯上前给了她一个紧紧的拥抱，两人又和好如初了。

当克莱尔得知弗兰西斯得给道尔顿·麦金尼斯将军颁奖的时候有些震惊，因为道尔顿将军正是大学时期强奸自己的男人。克莱尔不知道这件事该不该告诉弗兰西斯，犹豫了一下，她还是将这件事告诉了他。弗兰西斯当时气得恨不得去灭掉道尔顿，最后在克莱尔的苦苦劝说下才平静下来。当弗兰西斯看到站到台上精神抖擞的道尔顿时，气得到卫生间发泄了一番，克莱尔又劝他要以大局为重，他才算平息下来。颁奖的时候，弗兰西斯就像什么事也没有发生一般，很客气地与自己的敌人握手微笑。

弗兰西斯虽然是个卑鄙的政客，也许在他宽容的背后隐藏着更多的政治野心和利益，但他毕竟都扛了下来，忍了下来。也正是弗兰西斯的一再宽容，夫妻之间即使出现了问题也能够在最快的时间内解决，重归于好。

夫妻之间要想和平相处，彼此必须有宽容之心，必须拥有向对方学习之心。当遇到彼此无法原谅的事情时，不妨站在对方的角度去考虑问题，也许一切就能迎刃而解了。只有懂得宽容，才能体会到宽容之后的快乐和轻松。

胡雪岩在信和钱庄做“跑街”的时候，有一笔死账收了好多年也收不回来，钱庄最后都放弃了，但是胡雪岩最后却将这笔钱收了回来，并且自作主张给了有困难的王有龄。胡雪岩并没有隐瞒，而是将这件事向钱庄老板和盘托出，并且代王有龄写了一张欠条交给了老板。胡雪岩也正是由于自己的诚实本分，让他的事业有了快速的发展，但也因此丢掉了饭碗，他被钱庄开除了。

有了胡雪岩的资助，王有龄才有了五百两银子，顺利进京捐官并取得了成功。当王有龄回到杭州时听说了胡雪岩的事，赶紧筹了五百两银子，准备为他洗清挪用公款的罪名。等到还钱那天，他带着银子，穿上官服，坐上轿子，锣鼓齐鸣，非要胡雪岩一同前往钱庄。其实，王有龄的想法很简单，他想摆下自己的威风，也好让胡雪岩出一口恶气。但是他的这一举动立刻遭到了胡雪岩的拒绝。胡雪岩的理由很简单，他不想让当初开除自己的老板陷入尴尬境地，大失面子。如果按照王有龄的意思去办，信和的老板就会在同行中丢掉面子，势必会影响到信和的生意。这不是胡雪岩想看到的结果。于是，胡雪岩叮嘱王有龄要低调去，低调回，更别说在路上遇到过自己。

王有龄听从了胡雪岩的建议，换上便装，坐着一顶小轿去了信和。由于当初这笔钱是死账，后来听胡雪岩说已经要回来了，却又借给了一个穷光蛋，不知道猴年马月才会还，所以，谁都没有当成个事，当初胡雪岩交的欠条也不知道扔到哪里去了。当信和老板告诉王有龄没有找到欠条的时候，王有龄也没有为难他，只让他写了一张收据。

如果换成其他人的话，很可能会借此羞辱下开除自己的老板，出一口恶气，但是，胡雪岩不考虑自己所受的委屈，反而想着如何保全别人的面子，这种宽容的气量不得不让人佩服，也造就了他的成功。

宽容别人并非只在自己得理的时候，在吃亏的情况下更应该学会宽容，这才叫胸怀，这才叫气度。有些人吃了亏，耿耿于怀，对方也许早就忘记了，只有自己不肯放下，不肯宽容别人，最后痛苦的只有自己。宽恕别人就是解救自己。在如今的社会中，单枪匹马难成大事，你若不懂得宽容，注定终将难成大事。懂得宽容，不仅可以疏通人脉，而且也能从中感受到幸福，获得超越。所以，试着原谅你一辈子也不打算原谅的人，原谅那个没有借你钱的朋友，原谅那个踩了你一脚的朋友……你看看你的世界将会出现什么样的前景？

宽容不仅仅是容事，更重要的是容人。每个人的文化水平、所处环境、性格特点不同，对同一件事情的看法也不尽相同。我们不能只站在自己的角度去衡量别人，当面对别人不同的意见和建议时更不要盲目否定，而应该以宽容的心态去接纳，并且善于发现、培养，在求同存异中，共同进步，互惠互利。

那么如何去宽容曾经伤害过自己的人呢？

1. 不要老盯着对方的缺点

如果一个人在另外一个人的心目中留下了不好的印象，那么这个人就会老是盯着对方不好的方面，甚至不断放大，会忽略掉对方的优点。因此，要想宽容伤害你的人，就要多看看对方的优点，想一想对方曾经对你的好，这样宽容起来就容易一些。

2. 站在对方的角度考虑问题

一旦你找不到原谅对方的理由，那么你换位思考一下，假如你遇到这样的事情会怎么解决？如果你伤害了对方，你是有多么渴望得到对方的原谅。因此，换位思考可以让你更清楚自己到底该做什么样的决定。

3. 面对充满阳光的未来

很多人迟迟不肯原谅伤害自己的那个人，是因为他一直将自己放在曾经受伤的那个地方。当面对曾经伤害自己的那个人时，看到的不是现在的她，而是伤害自己那一刻的她，自己的痛苦也会随之又增加一分。这样的话，自己就永远无法摆脱痛苦，更别提去原谅别人了。当出现这种情况时，唯一的办法就是自己主动走出去，面对充满阳光的未来，将一切不开心甩在脑后，然后再试着原谅对方。

处心积虑，为自己创造机遇

一个人的成功不仅要靠努力，还要有机遇，这就是所谓的“时势造英雄”。机遇并非只可以等到，更多的时候是要学会创造。机遇都是留给有准备的人，平时你的每一分努力都是在创造机遇，这就是人们常说的越努力越幸运。当有一天你遇到生命中的贵人，成功也就水到渠成了。

《纸牌屋》中的小记者佐伊·巴恩斯正是通过创造机遇认识了党鞭弗兰西斯，在事业上有了突飞猛进的成绩。如果不是她当初抓住机遇，拿着照片去找弗兰西斯，她就可能永远是个默默无闻的小记者。

康纳之所以能够顺利成为弗兰西斯和克莱尔的助理，是因为他为了这份工作做足了准备，对弗兰西斯与克莱尔过去的一切报道及消息熟记于心，当他面对克莱尔时才会侃侃而谈。他的信心和认真深深地打动了克莱尔和弗兰西斯，使二人最终把他留在了身边。

当卢卡斯调查佐伊死亡一事，将矛头直指弗兰西斯的时候，弗兰西斯让道格去处理掉卢卡斯。于是道格找特工罗兰帮忙。看似卢卡斯在顺理成章地进行着自己的复仇计划，其实他早已钻入了罗兰设置的圈套，这个套子的出口只有一个，那就是监狱。

当弗兰西斯最初怀疑雷蒙德与冯参与洗钱案件的时候，并没有直接站出来对外公布，因为证据还不足，仅仅是怀疑。在没有充分证据的前提下，不但不能扳倒雷蒙德还有可能会被他反咬一口，起诉他诽谤。这对弗兰西斯来说，无疑是搬起石头砸自己的脚。于是，弗兰西斯没有直接出面，而是让道格悄悄地将这个消息泄露给了康纳，康纳又偷偷告诉了《华尔街电讯报》的记者艾拉·塞亚德。艾拉觉得无意间听到的这个消息很有价值，于是开始进行秘密调查，等调查清楚之后，她将真相公布于天下，顿时整个政坛一片混乱。最终，总统被弹劾下台，雷蒙德进了监狱，弗兰西斯成功上位。

很多机遇都是靠创造才有的。虽然人们常说：机不可失,时不再来。但是创造机遇，也不可太急切。因为创造机遇不可能只靠你一个人的力量，需要借助各种关系，利用一切可以利用的关系，为自己搭建一个能通向目标的平台。那么，如何才能与这些能帮到你的人尽快拉近距离,又不显得做作呢？拉关系最忌不自然,一旦亲密的行为显得“假”了，那么所有的行为都只能让人更加反感。

大家都知道拿破仑是18世纪法国著名的政治家、军事家。可是在他没有成功之前，他只不过是一个毫无名气的炮兵军官而已。

虽然拿破仑想出人头地，可是一直找不到最合适的机会，直到1793年，他请求上前线参加进攻土伦的战役。土伦的防卫军固守铜墙铁壁一般的城池，革命军数次进攻都以失败而告终，拿破仑认为展现自己的军事才能的机会终于到了。

拿破仑来到前线，立刻向军事指挥官提出了一套新的作战方法。指挥官看到他的方案后眼前一亮，便立刻任命拿破仑为炮兵副指挥，并提升为少校。拿破仑抓住这个机遇，精心谋划，勇敢战斗，最后一举攻克了土伦。他因此荣立战功，被破格提升为少将旅长。拿破仑凭借土伦战役不仅一举成名，而且为他后来叱咤风云，登上权力顶峰奠定了基础。

19世纪中期，美国西部兴起了淘金热，许多人纷纷奔向西部，都想成为有钱人，其中有一个十来岁的穷孩子也成了其中一员。这位叫瓦浮基的孩子只想去碰碰运气，只求别再让自己饿肚子就可以了。

他买不起车票，只能跟着大篷车，饥肠辘辘地走向西部。当瓦浮基来到一个叫奥斯丁的地方时，发现这里的金矿很多，但是气候很干燥，水源奇缺。淘金者苦干了一天，却喝不到一口水。瓦浮基想，自己还是个小孩，身体单薄，肯定挖不了多少金子，但如果自己能找到水源，把水卖给这些淘金者不是一样能赚钱吗？他很快就找到了水源，经过层层过滤，变成了清凉可口的饮用水，然后卖给那些淘金者，结果他赚了比淘金者更多的钱。

后来，他成为了美国小有名气的企业家。

机遇对于一个人的成功极其重要。一个好的机遇能让一个一贫如洗的人一夜暴富，一个好的机遇能让一个籍籍无名的人名利双收，一个好的机遇也能让一个孤单寂寞的人遇到生命中的真爱。在这个世界上每个人都希望遇到改变自己命运的机遇，但是并非人人都能够如愿。对于那些不努力的人来说，再好的机遇也会被错过。所以，要想成功抓住机会，或者让机遇垂青于你，你必须先付出足够的努力。

人的一生就是不断选择的过程，选择就是要试图抓住机遇，但抓住机遇与成功之间还有很长一段路，在走向成功的途中，仍需要不断地拼搏、奋斗。只有这样才是有意义的一生，才不枉来人世走一遭。那么，该如何才能找到自己的机遇呢？

1. 真正聪明的人都会创造机遇

当遇到对手时，先要稳住，不要冒险出招，看谁先犯错，一旦对方犯错，就是给你创造了进攻的机遇。拿足球来说，当两队的实力旗鼓相当的时候，要想赢得最后的胜利，绝对不是压对方一筹就能够赢的，而是要在球场上制造机会，哪个球队创造的机会多，并且有足够的实力抓住机会，哪个球队的胜算才大。

2. 要找到最适合自己的机遇

机会是可遇不可求的，但是如果连追求机会的力量都没有，就永远找不到成功的机会。如果不去寻找机会，你永远不知道哪个机遇最适合你。有的人只能在一个并不适合自己的岗位上委曲求全地干一辈子；而有的人则频繁调换工作，通过不断的寻找，找到最适合自己的岗位，前者往往会默默无闻过一生，后者则更容易找到工作的乐趣，也更容易成功。

3. 诚信才能赢得更多的机遇

一个人要想赢得更多的东西就要有更多的机遇，而想要得到原本不属于自己的机遇，或者让那些属于自己的机遇不会轻易失去，最重要的条件就在于做人要诚信。

4. 良好的心理素质是创造机遇的重要条件

有些人因为心理素质比较脆弱，往往会把原本简单的事情弄得非常复杂，不但自己徒增烦恼，周围的人也会怨气冲天，做起事情来就会更加不顺，如此往复，愈陷愈深，直到彻底把自己逼进死胡同。

有些人不会控制情绪，特别容易冲动，常常因为一点鸡毛蒜皮的小事就烦这人恼那人的，看什么都不顺眼，在单位与同事吵，回家与父母吵，把周围的人得罪个遍，自己还落个里外不是人。日子久了，谁还会愿意和这样的人打交道呢？

没有良好的心理素质不仅会毁掉大好前途，而且更容易失去来之不易的机会。所以，一旦自己的工作、学习、生活出现问题，一定要提早调整自己的心理，理智对待问题，这样才能抓住稍纵即逝的机遇。

CHAPTER 7
权力不是权势，懂得运作才能生效

权力不是权势，懂得运作才能生效

锋芒太露，必然会伤害自己

盟友不一定都是朋友

对过于强大的对手最好能先发制人

懂得示弱才能成为真正的强者

锋芒太露，必然会伤害自己

有的人从表面看好像很普通，其实他们的才能有可能在你之上；有的人好像很木讷，其实他们也有能言善辩的一面；有的人好像胸无大志，其实他们也是不愿居人之下者……只是他们都不肯在公众场合锋芒毕露，不愿做公众人物，这是什么道理呢？

俗话说得好：人怕出名猪怕壮。他们之所以选择沉默、低调，因为他们知道，如果自己过分夸大自己，很容易引起别人的反感，或者让人嫉妒，甚至遭人陷害。过于锋芒毕露，就相当于把自己置身于众目睽睽之下，里里外外被人看个一清二楚，更容易引起心怀叵测之人的算计，那么以后的人生道路就会愈加坎坷。

暴露锋芒越多，树敌就越多。与同事之间、与上级之间就更容易产生矛盾，究其原因主要是平时说话只图自己痛快，却没有顾及身边听众的感受，可能在无意中已经伤害了别人。我们常常锋芒太露是因为急于表达自己，想让对方认可自己，结果却适得其反。展现自己没有错，但一定要把握好度，要懂得过犹不及。

锋芒太露就好像脑门上长出两个犄角，就算你知道对别人要躲避，可是还是会无意地刺痛到别人，时间久了大家都想上前去折断它。如果自己不去想办法处理这对犄角，而是听任别人处理，那么最终对你造成的伤害是最深最疼的。

佐伊是《华盛顿先驱报》的记者，由于刚到报社没有人脉，没有资源，所以，大家都不把她放在眼里，而作为报社首席政治记者的简宁更是没把她当回事。当时的简宁主要负责《华盛顿先驱报》头版头条的政治新闻，为了能够让简宁这位老员工带带自己，佐伊殷勤地给她端茶倒水，可她还是被简宁拒绝了。

佐伊知道靠自己在报社拓展人脉资源很难，于是，她将目光放在了外面，很快在一次聚会上，碰到了弗兰西斯，佐伊认为这个人就是自己的救星，于是，她积极主动地和弗兰西斯建立了联系。此时正在因教育改革法案处处碰壁而烦恼的弗兰西斯也急需有一个媒体为自己造势，而佐伊则希望弗兰西斯能够给自己提供更多的白宫内部新闻，很快两人一拍即合。

有了弗兰西斯的帮助，佐伊报道白宫内部的新闻不断地登上报纸的头版头条，这让简宁很不舒服，多次找报社主管汤姆理论。自己负责的头版头条，凭什么让一个新人的文章霸占了位置呢？结果抗议无效，谁让她的报道没有佐伊的更受关注呢？简宁只能干着急，没有任何办法。

由于佐伊拿到的新闻都是重量级的，所以头版头条完全被她垄断了，并被多家媒体转载，佐伊很快成为新闻界的名人。

佐伊的名气越来越大，这让汤姆坐不住了，他觉得佐伊已经“盖”过了自己，这让他很不安，他多次劝说佐伊，要干好自己的本质工作，不要整天不务正业。但是，佐伊在录制电视节目的同时，还能够每次都将报纸上要登载的新闻写得完美无缺。

这天，汤姆终于忍无可忍了，将佐伊叫到自己的办公室狠狠批评了一通，并要求佐伊永远不要录制电视节目了，佐伊一气之下辞职走人了。

如果你锋芒太露，要不就会受到别人的排挤和打压，要不就会遭到别人的诬陷，无论你做什么事都会受到阻挠。

不要小看你身边那些平时很低调的人，对于你的做法他们大都是能忍则忍，可无法忍受时，他们就会对你进行反扑，给你带来毁灭性的灾难。还有些人平时似乎没有一点能耐，也不会多说一句话，可是在关键时刻都能够顺利胜出，而且领导和同事都很喜欢他们，主要是因为他们懂得低调和谦逊才是制胜的法宝。

做人低调一些，当你身处顺境时能够为自己积攒人脉和能量，当你遇到困境时可以用来帮助自己渡过难关，无论困境或顺境，对有准备的人来说都是可以轻易克服的。每个人都是简单而平凡的，得意的时候淡然一点，失意的时候坚强一些，别人既不会嘲笑你，更不会落井下石，反而非常愿意伸出援助之手。

公元前119年，汉武帝亲自召集文武百官商议出击匈奴一事。汉武帝与诸将都认为，匈奴已经将主力撤往漠北，他们一定以为汉军没有跨越大漠进行长途奔袭作战的实力。如果汉军能利用匈奴的错误判断，集中兵力，攻其不备，即可一举歼灭敌军，永绝后患。汉武帝初步制订了作战计划，打算派卫青和霍去病两个年轻的将士出战，史上最大的漠北之战就此拉开了帷幕。

大将军卫青指挥下的西路军队预备迎击单于主力。大军临行之前，老将李广虽然已年过六十，但雄心未减，主动向汉武帝请求出击匈奴单于。汉武帝认为李广年事已高，没有批准，但在李广的一再请求下，看在他年老忠心的分上还是同意了。于是汉武帝任命李广为前将军，归卫青指挥，并且偷偷告诉卫青李广年老且不懂变通，不可派他去打单于。卫青暗暗记下汉武帝的告诫。在得知匈奴的去向后，卫青命令前将军李广与左将军赵食其两部合并，从东路迂回到匈奴侧翼掩护主力部队，而自己则与公孙敖率精兵从正面攻击单于。李广得知这一部署后极为不满，质问卫青为何这样安排。他知道自己今后可能再也没有机会攻打匈奴了，便不听指令，誓与单于决一死战。卫青见李广不肯从命,命令长史把军令直接发至李广的军营。军令如山，李广明白既然事情到了这一步，就再也没有回旋的余地了，只得愤然离去。

卫青虽打胜了这一仗，但是因为李广不听指挥，致使围攻时的包围圈不完整，单于得以逃走。而愤然离去的李广也在面临着极大的考验，一路上曲折迂回，水草稀少，没有向导的汉军在李广的带领下走得十分艰难，竟迷失了方向。直到李广与卫青在大漠之南会合。因为出战前汉武帝的交代，卫青带着干粮与浊酒前去安抚李广，并有意让他速至大将军幕府报告迷路的详情，暗示他可将责任推诿到部下的身上。一身傲骨的李广拒绝了他的提议，坚定表示：校尉无罪，是自己迷路了，愿意承担一切责任。

据记载，李广曾深有感慨地对多年来随同自己出生入死的部下说，自己少年就从军了，与匈奴大小七十余战，从来不曾落在诸将之后，而如今随大将军出击匈奴单于，却迷失道路，天意如此！自己年岁已高，不能忍受刀笔吏对自己的侮辱。说完这些话后就拔刀自刎了。

古往今来，那些锋芒太露的人，大都不会有很好的下场。因为锋芒太露，无法融入集体，而势单力薄的人是难以独自成就一番大事的。李广之死，正是锋芒太露造成的结果。骁勇善战的李广与士兵同甘共苦、并肩作战，却得不到皇帝的认可，又被同僚排挤，尽管他曾经获得的美誉值得骄傲，却无法使他更进一步。

无论你是才华横溢，还是腰缠万贯，在人生道路上都需要一步步地向前走。如果爬得过快，张狂无度，企图一步登天，那么就可能摔得粉身碎骨。一个成熟的人懂得如何把握自己，懂得不断修正自己的个性，并且在任何时候都能保持低调。处处展现自己，有时会适得其反，容易招来别人的讨厌。虽然这是一个竞争激烈的社会，不积极表现自己会影响发展，但是一定要把握好度，不要因为展示过度而招人讨厌。

在职场中，我们经常看到这样的人，一方面不善于猜测领导的心思，又不懂察言观色；另外一方面却表现得极为自负，到处张扬自己，仿佛公司的所有成就都是他一个人干出来的。因此，不仅领导不喜欢他，同事也不喜欢，久而久之他就将自己排挤出了职场。

那么，在职场中如何才能避免锋芒太露呢？

1. 明智的人不随便乱说话

知者不言，言者不知。随便说出口的话往往不是真知灼见。如果仅仅凭借懂得一点皮毛，就到处大放厥词，仿佛自己是先知的话，那么当真相出来的时候，别人就会不约而同地认为你是一个不靠谱的人，他们都会远离你、防备你。所以在职场一定要懂得谦虚，注重内心的修炼和知识的积累，这样你才能越走越顺、越攀越高。

2. 有理有据再说话

职场上很多人对自己的话不负责，只看表面现象，就开始猜测后面的结果，急于下结论，最后的下场只能是别人把你当“苍蝇”一样，绕道而行。所以，在说话之前首先问问自己是否有理有据，否则你说出来的话只是空穴来风，若是被某些同事无中生有，最后倒霉的只能是你。

3. 重大决策面前学会三缄其口

在公司，对小的事情可以发表个人的观点，无伤大雅；对于重大事情，一定要谨慎，学会三缄其口。如果提的意见过多，必然会引起上司的戒备，不利于自己的职场发展。而且，重大决策一旦出现失误，造成的后果是无法预想的，也是无法独自承担的，所以在大决策面前一定要谨言慎行。

盟友不一定都是朋友

俗话说：众人拾柴火焰高。一根筷子可以轻而易举地被折断，但是一把筷子就很难被折断了。这是为什么呢？因为它们团结在了一起，有了强大的韧力。

在当下社会，一个只懂得想尽一切办法竞争而不懂得合作的人，是永远不会取得真正的成功的。但是大家都知道如今是优胜劣汰的时代，在竞争中为了取得胜利，人们轻而易举地就能抛弃往日的合作伙伴，甚至不惜对自己最亲近的人下黑手。

不过，他们取得的胜利只是暂时的，而且会付出极大的代价。他们会因此失去亲情、友情、爱情，这种胜利是得不偿失的。俗语道“一个篱笆三个桩，一个好汉三个帮”，如果没有了身边最亲近之人的帮忙，不能够与他们分享你的成功，那么成功还有什么意义呢？因此，我们一定要学会分清竞争与合作，在竞争中成长，在合作中前进。

弗兰西斯的妻子克莱尔在一次电视采访中，爆料自己曾经被人强奸，并且有过堕胎史。这一新闻在全美国引起了轰动。克莱尔有很多不好的评价。有人认为她是“婴儿杀手”。最为严重的是一名前海军陆战队成员因为妻子背着自己堕胎而认为她完全是受到了克莱尔的影响，于是在一个月黑风高的夜晚，他提着一包炸药，潜入到了克莱尔家附近，准备将其炸死，多亏安保人员发现了他，将这个前陆战队员抓了起来，否则后果不堪设想。

在克莱尔接受采访的过程中，有一名女孩打进电话，称自己也被上司强奸过。克莱尔与她进行了沟通，这给克莱尔的印象非常深刻，她觉得有必要制订一套法案出来，防止妇女、儿童被强奸。

在克莱尔的不懈努力下，法案的草案制订了出来，很多议员对这一法案表示赞同，接下来只需要通过正式投票即可。为了能够保证这一法案正式顺利通过，克莱尔私下向一些议员游说。

当克莱尔找到党鞭杰基的时候，竟遭到杰基的反对，克莱尔游说杰基失败。看到妻子花了那么大的精力去起草制订这个法案，如果不能通过实在太可惜了，于是弗兰西斯亲自去劝说杰基，他认为杰基能够坐在党鞭的位置完全是自己一手提拔起来的，她肯定会给自己面子的。两人见面客套话没有说几句，杰基便直接问道："我猜你来是为了克莱尔的法案。"

弗兰西斯看到杰基直接进入了主题，也毫不客气地说："这项法案不含私心，两党三十多人联署，是个严肃的法案。"

杰基耸耸肩说："我同意。"

弗兰西斯说："只是不同措辞。"

杰基说："我可以解释我的想法，但我怀疑无法说服你，就像你无法说服我。"

弗兰西斯看到杰基丝毫不给自己面子，生气地说道："撇开军队荣誉、上级服从，那些你珍视的东西不说，让我们考虑一个很简单的事实。没有我，你就不会在这里办公。”

杰基依然很淡定地说：“我说得很清楚，我不是傀儡。”

弗兰西斯责问道：“我没有想操纵你，但你应该表现出一点谢意。”

杰基依然说：“别的事都可以，副总统先生，但这件事不行。”

弗兰西斯生气地盯着杰基：“你只是在阻碍必然之事。”

杰基说：“不是必然的，克莱尔的票数不够。”

弗兰西斯狠狠地问道：“你真想跟我们作对吗？”

杰基说：“我根本不想跟你作对，所以我建议克莱尔坐下——”

没有等杰基将话说完，弗兰西斯就直接打断：“我既没有时间，也没有兴趣跟你谈判，联署法案、鞭策投票，我不是在请求！”说完就要气冲冲地离开。

尽管弗兰西斯一副很强硬的架势，但杰基不吃这一套，还击道：“那么我不会服从。”

弗兰西斯边往外走边无奈地说：“你不仅要感谢我让你坐上这个位置，等你赢了再选，你还得感谢我，那些攻击广告可不是自行消失的。”

杰基一时没有听懂这句话背后的意思，问道：“你什么意思？”

弗兰西斯有些小得意地说：“你为什么不去问问雷米，顺便再问问他雷蒙德的事，这一定会是段很有趣的枕边话。”

原来，弗兰西斯早就知道了杰基与雷米偷情的事情，在劝说杰基失败之后，他只能打出最后的这张王牌了。

后来，当白宫牵扯到洗钱案件的时候，检查机关也对弗兰西斯进行了严密的证据搜查，这让他感到疲累不堪。为了不让丈夫分心，也为了不得罪杰基，克莱尔主动撤销掉了法案。

结果弗兰西斯被证明是清白的，总统沃克与洗钱案件却有着扯不清的关系。这时，弗兰西斯觉得自己不能再等了，要趁早实现自己的计划了。他再次找到了杰基，希望杰基能够发挥党鞭的作用弹劾总统沃克。这次杰基同意了。

于是，在杰基的带头之下，议员们发起了对沃克的弹劾。走投无路之下，为了能够保存最后的尊严，沃克选择了主动辞职，并推举弗兰西斯为新总统。

可见，无论是曾经的对手还是朋友，只要在关键时刻能够合作就是你的好盟友。智者借力而行。通过合作，创造共赢，这无疑是在职场中生存的理想途径。与合作伙伴达成更加紧密的合作，实现共赢，并寻求各方利益的最优解，其根本目的就是为了实现双方利益最大化。

战国后期，诸侯割据、战乱不断，赵国有一文一武两大栋梁——蔺相如和廉颇：一个目光远大、心胸宽阔，不仅智勇双全而且能言善辩；另一个有勇有谋，虽然有点自负但坦率真诚、知错能改。

蔺相如因被赵王拜为上卿，职位高过将军廉颇，廉颇为此愤愤不平，并扬言要让蔺相如下不来台。蔺相如听说后尽量避免与其碰面，并说："夫以秦王之威，而相如廷叱之，辱其群臣。相如虽驽，独畏廉将军哉？顾吾念之，强秦之所以不敢加兵于赵者，徒以吾两人在也。今两虎共斗，其势不俱生。吾所以为此者，以先国家之急而后私仇也。"这番话传入廉颇耳中后，廉颇顿时醒悟，脱下战袍，身负荆条，亲自到相如府前谢罪。

不管二人性情如何，都是忠君爱国之士，这才留下了负荆请罪的典故，至今仍为人津津乐道。换个角度看，这巴掌也要一个愿打一个愿挨才能完成，负荆请罪少了他们中的任何一人都不可能发生。

同样，三国时期的赤壁之战，可以从侧面看出孙权、刘备在作战前放下自身矛盾而合作赢了曹操，为日后的三国鼎立奠定了基础。

单丝不成线，独木不成林，这个道理谁都懂，但是不是谁都能做得到。为世人所心服口服的人大都懂得与人分享和合作，而能长久存在的国家更是懂得上下通力合作。孟子云：天时不如地利，地利不如人和。可见，人与人之间的合作有多么重要。

合作是一种精神，只有合作才能发挥出个体所没有的力量。只有相互信任,才可以建立合作。只有合作才能完成超乎想象的伟业。因此，这个时代需要合作，只有合作才能推动社会向前发展。

合作共赢在当下的社会人人皆知，合作就是为了共同的目的在一起工作完成任务，共赢就是双方获得利益，它要求在处理这些问题的时候，不要损害公共利益，在平等自愿的原则下均得到最满意的结果。合作共赢渗透到我们日常所做的每一件事中。与客户合作共赢，才能长久地合作；与供应商合作共赢，才能得到物美价廉的货源；同事之间合作共赢，可以相互理解、相互宽容、增进和谐……由此可见，合作共赢已经成为当今社会发展的重要手段，理应受之、用之。

为了合作共赢，必然要构建有效的战略联盟，只有这样才能保障双方的共同利益。那么怎么才能构建有效的战略联盟呢?

1. 合伙人之间必须有良好的兼容性

合伙人之间有了兼容性，才能让彼此之间更加融洽，更加密切，相互理解，相互包容，沟通起来无障碍，在遇到困难的时候能够齐心协力面对一切问题。这样的联盟管理起来更加方便、有力，而且能简化交易的流程，降低成本，提高工作效率。

2. 学习力是联盟的基础条件

一个企业能不能从战略联盟中获得最大的利益，不在于投资的多少，也不在于管理手段有多么高明，而在于组成这个联盟的合作伙伴们的学习能力，这也是双方联盟的基础条件。通过学习企业才能有新鲜的知识血液，才能创新思维，才能推动企业的发展。如果没有学习力，企业必将停滞不前。

3. 合作的前提是共同认识

企业联盟之间要以诚信为前提，真诚地去合作，而不是以牺牲一方的利益换取另一方更大的利益。要想长远合作，合作双方必须相互理解，认同彼此的合作意图，只有这样才能促进联盟快速发展，最终双方都能获得利益。要合作就应该坦诚，如果隐瞒自己的真正意图，一旦被识破就很难再建立起新的合作关系。

不难看出，建立企业联盟就是优势资源互补，资源共享，最后形成合力优势，当面对强大对手的时候，能够轻松应对，同时减少资源浪费，降低成本，缩短企业的战略目标。

对过于强大的对手最好能先发制人

所谓“先发制人”，说白了就是先下手为强的策略。讲究下手时间之快，目标之准，手段之辣，都要让对方难以预料。虽然不一定能一下子彻底打倒对方，但是至少在气势上占了上风，也能给对方当头一棒，占据主动。

本来国务卿一职是总统之前承诺给弗兰西斯的职位，但当总统真的当选以后，政治风向立刻扭转，弗兰西斯最终失去了国务卿的职位。对于大多数人来说，这样的打击无疑是沉重的打击，但是对于为四任总统工作过的弗兰西斯这样的老党鞭而言，却是更大的机遇。面对未能当选国务卿的沉重打击，他仍然可以保持表面的淡定，不失一点风度地离开，然后带着狂风暴雨再度席卷而来。

弗兰西斯从党鞭到副总统，再到总统，虽然一路麻烦不断，但是在他的绝妙策略下，都能一次次逢凶化吉。在这个过程中，不难看出他屡次使用先发制人的策略，但同时别人也在对他实施着同样的策略。

当弗兰西斯准备寻找证据让自己的死对手雷蒙德破产的时候，雷蒙德就给他来了一招先发制人。

雷蒙德为了整垮弗兰西斯，让雷米从亚当那里弄到了一张克莱尔的床照，并发布到了媒体上，标题为“总统夫人躺在情人亚当的床上”，弗兰西斯的家门口顿时挤满了媒体。无奈，弗兰西斯只好陪着克莱尔出来解释。克莱尔说，这张照片是为“净水计划”拍摄的作品，而且拍摄地点就是他们家里。弗兰西斯还进行了补充说明：“这是一份生日礼物，克莱尔问我想要哪种肖像照，我说想要一张她睡觉的照片，因为她睡着的时候很美。这张照片就挂在我二楼的办公室里。”

事后，虽然亚当责怪克莱尔说谎，但不管怎么说，通过弗兰西斯与克莱尔在媒体面前的完美解释，总算平息了这件事。

媒体不再追问，证明了雷蒙德的失败，但他不甘心，于是克莱尔的第二张裸照又出现在了媒体上。这张照片是克莱尔在玻璃门后洗澡的场景，这次他们再也找不到给媒体解释的理由了。后来他们的媒体发言人赛斯找了一个和克莱尔长得有几分像的职业模特，在浴室拍了一张照片，并在媒体上解释了这张照片真正的人物并非克莱尔。

总统夫人的裸照接二连三地出现，到底是什么原因呢？在弗兰西斯家门口的媒体越聚越多。克莱尔全无招架之力，于是将亚当约到自己的家里商谈。亚当很生气地责怪克莱尔毁掉他和他心爱女人的生活，并称自己很遗憾此生遇到了她。但是在克莱尔的威逼之下，亚当在媒体上发表了道歉声明，称网络上总统夫人的艳照都是他自己在炒作，因为他的作品价格一直没有起色，为了吸引眼球，才伪造了这些照片。

如果无动于衷，别人可能认为你软弱；如果主动出击，也有可能会造成火上浇油的后果。无论是先发制人还是后发制人，都各有利弊。先发制人给人的第一感觉就是“先入为主”，使自己处于主动地位，占据最有利的优势；后发制人最大的优势则是周全稳健。但是，先发制人容易造成覆水难收的局面，一旦走出了第一步就没有退回来的可能性，而且容易暴露自己的缺陷，容易被那些居心不良的人抓住把柄以要挟和利用。

秦末，为了反抗暴政，各地百姓纷纷起义，其中陈胜和吴广率领的起义声势最为浩大。当时有个叫殷通的会稽郡守也想趁机起兵，请在吴中避难的项梁共商大事。

殷通对项梁说道："江西皆反，此亦天亡秦之时也。吾闻先即制人，后则为人所制。吾欲发兵，使公及桓楚将。"殷通能说出这番话，可以看出他也是有水平、有见识的。但是，要怪就怪他不自量力，怎么能"吾欲发兵，使公及桓楚将"呢？项梁是什么人物，他是楚将项氏的后人，一代豪杰，在当地声望极高，暂居吴中也只是静待时机罢了，怎么能甘居他人之下？更别说小小的殷通了。于是，项梁借机对殷通说："桓楚亡命江湖，没人知道他在哪儿，只有项羽知道。"殷通听从了项梁的话，召项羽进府议事，哪曾想项羽突然拔剑，一剑斩下了他的头。后来，项羽收服了殷通的部下，不断征集人马，打出了灭秦的旗号，成就了历史上赫赫有名的"西楚霸王"。

先发制人一般是已经掌握了对方的信息或者制定了可行战略之后，在对方还没有来得及准备的情况下进行致命的打击，当对方明白过来的时候已经失去了反抗的能力，只能成为瓮中之鳖。

既然要打击对方就必须要达到致命的效果，如果是小打小闹，给对方留下喘息的机会，有朝一日，对方伤口好了，可能一个回马枪就会要了你的性命，因此，只有致命一击，才能让对方永久停息，不会再成为你的障碍。尤其面对强大对手的时候更应该如此，单靠一般的战术，你是无法战胜对手的，只能依靠先发制人取得主动权，一切行动以最后守得住主动权为核心。

先发制人最早来源于军事战术，它是争取战争主动权的主要策略。作为战略的策划者，不能只考虑战争如何打响，如果取得胜利，更应该考虑的就是掌握战场的主动权。只有掌握了主动权，才能按照自己制定的策略去牵制对方，为最后的胜利增加几分胜算。

当然先发制人不仅用在军事中，在其他方面也照样可以使用。比如在谈判中，要想获得最大的利益，就要学会牵着别人的鼻子走，那么如何做到这点呢？

1. 给对手准确定位

知己知彼，百战不殆。在面对客户之前先对其进行认真的分析，不同的客户有不同的需求，根据需求的不同想办法先下手为强。普通客户，看中的是价格；重要客户，共同解决问题很关键；战略合作客户，以共赢为目的。

2. 给对手提前画框

我们在谈判中要想掌握主动权，首先就要给对方画好框，让对方在你所画的框里面活动。比如，谈判中你只给对方提出三套方案。如果你不选择 A 方案，就选择 B 方案，或者 C 方案，或者在某一方案上进行优化。这样无论对方如何选择，都在我们的掌控之中。

3. 掌握主动权

谁先提出自己掌控的方案，谁就能掌握主动。假如在谈判的过程中，对方提出了一套解决问题的方案，那么这个方案肯定是经过深思熟虑的，对自己非常有利，但对我方未必有利。所以，为了避免这种情况的出现，我们必须要用更新的解决方案压住对方，把所有的焦点都集中到我们想要解决的问题上，如此就掌握了主动权。

4. 对付先发制人

为防止对手先发制人，就需要比对方更加“先发”，更能够走在对方之前。另外，坚持自己的需求，利用高层权威的模糊策略提出自己的需求。

无论是先发制人，还是后发制人，目的就是掌握谈判的主动权。掌握了主动权，我们就有了话语权，我们就成为了谈判的主角，才有可能成为最后的赢家。

懂得示弱才能成为真正的强者

示弱者并非就是真正的弱者。人常说弱者致胜：其一，摆出一种弱者的姿态，迷惑对方，让对方不要将自己作为目标；其二，自己示弱，让对方的优越感受挫，打乱他们的谈判策略。示弱也是一种力量，一种策略，它可以让强者的优势失去用武之地，也可以达到四两拨千斤的效果。

面对强大的对手，害怕、担心无法取胜，没有任何作用，但你也没有必要装强大。如果你打肿脸装胖子，硬碰硬，最终受伤的只有你。面对强敌，只有向对方示弱，麻痹对方，让对手摸不清虚实，才能降低对你进攻的欲望。

在生活中我们经常看到这样的例子。有些人聪明能干，精于算计，大家就都离他远远的，反而那些看上去傻傻的人，很多人愿意和他交朋友。因为与他们打交道让人很放心，至少不会吃亏；而与过于聪明的人交往，稍不留神就可能会掉入他的陷阱。

作为一名高明的政客，弗兰西斯紧紧抓住对手的弱点，翻云覆雨、巧舌如簧，为了化解对手们的明枪暗箭，更是用尽各种手段，无论多大的困难都能够逢凶化吉。尽管他拥有强大的控制力，但同样懂得利用“示弱”的手段。

在津贴法案一事上，弗兰西斯觉得将退休年龄提高到68岁，可以为国家节省一万亿美元，而且还可以用节省下来的钱用于医疗研究、去改善医疗环境以减少病人的痛苦。而赫克特、柯蒂斯却认为继续保持64岁的退休年龄，可以享受的国家津贴更多一些，能过上更好的生活。由于双方意见不同，最终他们在国会高层会议上谈崩了。可是第二天，弗兰西斯又主动向柯蒂斯道歉说："我昨天让你为难了，我不该当着所有高层的面，让你们难堪。"

当检察机构调查弗兰西斯的时候，最初弗兰西斯觉得能够隐瞒的就尽量隐瞒起来，可是检察官邓巴却一直咬着不放，想从背后挖掘出更多的东西来。几轮较量之后，弗兰西斯觉得如果这样隐瞒下去，邓巴反而有可能挖得更深，还不如主动坦白，趁早打消她的疑虑。于是当邓巴再次请弗兰西斯"喝茶"的时候，他立马道歉，承认自己有所隐瞒，并主动交代了一些秘密。邓巴觉得这次弗兰西斯并没有撒谎，这才放过弗兰西斯。

当总统沃克陷入被人弹劾的危局时，恍然大悟，责骂这一切都是弗兰西斯做的手脚，于是拒绝再见弗兰西斯。可是弗兰西斯知道自己不能没有总统的支持。于是，弗兰西斯给沃克写了封长长的道歉信，最后，总统原谅了弗兰西斯。

很多人都喜欢逞强而不愿意以弱者的身份出现，喜欢用强大来标榜自己，想借此赢得尊重和崇拜。但实际上，在这种看似强大的攻势面前，你的对手不会做出让步，相反却更容易使你自己的短处暴露无遗。而示弱却不同，它不仅能更容易得到人们的理解，还有助于示弱者获得生存和发展的空间；它可以拉近人与人之间的距离，消除他人的防备和敌意。

有专家研究得出这样的结论：弱势是通往工作中一切有价值因素的关键——创造力、勇气、亲和力。其中，有亲和力的人与没有亲和力的人最大的不同就是：前者愿意示弱。

王莽是在王氏外戚专权的氛围中长大的，最清楚自己的权力与姑母王政君有很大的关系。对于汉平帝刘衎选皇后一事，为了让自己的女儿当选，他对王太后可谓是用尽了心机。

王莽在审查皇后的候选人名册时，看到许多王氏宗族的女子都名列于上，于是他跟自己的姑母说，自己无才无德，他的女儿不宜与众女一起参选皇后，希望太后下旨取消她的参选资格。王太后信以为真，下旨不选外家王氏女为皇后。经此一事，王莽之女反而走入了大臣们的视线，一些阿谀奉承之辈纷纷上书，要求选王莽的女儿为皇后。虽说选后是皇帝的家事，但也是国家大事，加上平日里王莽奉行节俭，在朝野素有威名，所以朝中大臣也赞同立王莽之女为后。迫于压力，王太后也只好同意了，就这样王莽的女儿顺利登上了皇后的位置。

王莽为了把持朝政，以退为进，阴谋算计，终于把自己的女儿推上了后位，却也因此葬送了她的一生。

我们对王莽的险恶用心唾弃的同时，单从谋略的角度来看，这倒是一个以退为进的成功案例。

无论是哪个领域的人，总是免不了争斗，而在争斗的过程中，谁都不愿意服软，你强硬我比你更强硬，使得战火不断升级，最后只能是两败俱伤。山外有山，人外有人。本来以为自己已经有足够的实力去争取利益了，可是在其他人眼中只不过是跳梁小丑罢了。

难道示弱就是真的弱小吗？不见得。有时候示弱更能引起别人的尊重。学会示弱不仅能消除外人对我们的孤立，更能为自身的发展争取到更多的时间与空间。人生道路漫长而曲折，学会适当地示弱，你可能会得到意想不到的收获。

如何激励员工发挥潜能，提高工作效率，这是领导者们一直讨论的问题。作为领导者，如果过于强势，就很容易使企业陷入低效的怪圈。上司抱怨下属不让自己省心，同时享受着独揽大权的快感，变得越来越强势；而员工只能忍气吞声，逆来顺受，越来越不愿发表意见。

如果上司过于强势，员工只能变得弱小；如果上司弱势一些，员工就可能更容易发挥创造力。那么作为领导者到底该如何示弱呢？

1. 要敢于承认自己的不足，多向别人请教

有很多刚刚进入职场的大学生，在没有熟悉公司的情况下，就急于展示自己的才能，不但不能得到老板、同事的认可，反而会使自己陷入被动的局面。所以，承认自己在新环境里对某些问题的“无知”，多向上司和同事请教，一边努力工作一边认真学习，只有这样才能更好地发挥自己的才能，才能实实在在地铺设走向成功的阶梯，并避免因操之过急而带来的不必要的麻烦。

2. 积蓄实力才能立于不败之地

有些人无论做什么事情，唯一的目的就是要赢得别人的赞美，而不是将自己的注意力集中到提升自身实力和做好业绩上。人与人之间的竞争，最根本的还是要看实力。一个人的成败也不是别人一两句话就决定的，关键还是得靠自己。所以尽量低调一点，做好自己的本质工作，等你的实力足够支撑梦想的时候，你才可以飞得更高，那时你赢得的不仅仅是赞美。

3. 做个“傻子”，远离是非的旋涡

在处理人际关系的时候，不要表现得过于精明，因为过于精明会给你周围的人带来不必要的压力，他们也许会害怕被你算计，出于自我保护的本能，对你敬而远之。所以劝那些精明的朋友，有时要难得糊涂，遇到困难的时候，该请人帮忙的还是要请人帮忙。糊涂一点，快乐多一点，糊涂一点，是非远一些。

CHAPTER 8

借权，不是只有掌控在手中的权力才能利用

借权，不是只有掌控在手中的权力才能利用

有能力才能找到“靠山”

借刀杀人，隐藏自己的实力

扩展人脉，才可借到权力

友情才是最好用的权力

有能力才能找到“靠山”

俗语道：“大树底下好乘凉。”在复杂的社会中生存，就会不可避免地与不同的人建立各种各样的关系，每个人都不能孤立地存在，而是形成了一种相互依靠的关系。这种关系为我们的人生道路提供了必需的资源、人脉、渠道等，没有哪个人不是通过借助这些关系而成就事业的。一个人势单力薄，在事业发展中遇到一些难以承受的困难时，结局大多是不得不放弃。如果在困难的时候有人愿意伸出援助之手，应该是一件非常幸运的事情。正因为大家都懂得这个道理，所以很多人希望能找到这种关系，寻找属于自己的靠山。

在这个竞争激烈的社会，在追寻成功的路上将面临很多难以言表的困难，你有才能、实力并非就一定能够成功，但若能懂得借助别人的力量，就能较容易地将障碍踩在脚下，踏上成功的坦途。

《纸牌屋》就展现了各色人物你依靠我，我依靠你，成就自己的过程。在这个过程中有亲密合作，也有针锋相对。

弗兰西斯的成功离不开总统沃克的支持。要想赢得总统的支持就要首先赢得他的信赖，弗兰西斯为此付出了不少心血。他经常揣摩总统的想法，让总统觉得自己就是有能力又值得信赖的干将。每走一步都带有目的，甚至包括别有用心的争吵，用弗兰西斯的话就是：让你的上司信赖你，不是靠不断地奉承，而是有时候要敢于有站出来反对的勇气。因为有了总统的信任，所以，弗兰西斯顺利地离间了与沃克合作了二十多年的雷蒙德，离间了总统最得力的助手……总统身边值得信赖的人一个个离开，弗兰西斯踩着这些人一步步上升……当有一天沃克明白这一切都是弗兰西斯的阴谋之后，他已经成为了真正的孤家寡人。

弗兰西斯鼓励杰基竞选党鞭，是为了多一个忠实的拥护者。聪明的杰基当然不会错过这个让自己少奋斗好多年的机会。于是，她一方面尽力支持弗兰西斯的各方面工作，另外一方面又想方设法得到泰德的帮助，最后终于成为了党鞭。

雷米是雷蒙德最忠实的助手，可是，当雷蒙德面临洗钱案件的时候，受此影响，雷米在葛兰顿－希尔将面临被撤掉合伙人职位的危机，于是他偷偷找到了弗兰西斯，希望能与他合作，但他并没有最后决定站在哪一边，就告诉弗兰西斯说：“我不会把自己整个卖给你，我会继续跟你作对，但会减轻力度。”

弗兰西斯问道：“减轻是指……”

雷米解释说：“足以让你负伤，但不至于灭了你，作为回报，不管是什么样子，我在葛兰顿－希尔之外也能有前途。”

弗兰西斯说道：“这么说你现在会保持中立，但将来会投靠胜利者。”

雷米说：“我希望强者获胜，即使你被打垮了，也不会是因为我，这具有一定的价值。”

弗兰西斯问：“你为什么这么做？”

雷米：“为了保险起见，如此而已。”

总之，在这种互相依赖、互相拆台中的相互利用推动了美国白宫每一个有野心的政治家的起起落落，也推动着社会的发展。一个人的力量是有限的，但是在另外一个人的帮助之下，他的能力就会倍增，完成自己不可能完成的任务。可见，在政治丛林中找一棵大树很有必要，这样你就会少一些风雨，多一些阳光雨露。

我们每个人都有自己的智慧，如果所有人都将自己的智慧集中在一起就能形成一个智慧海洋。无论我们做什么事情，集体的智慧永远超过了个人的。当一个人遇到自己无法解决的问题时，集体中的人若能互相帮助解决，就是一个相互借力的过程。

纵观古今中外，成功的人不仅善于利用强者的力量，也善于借助弱小者的力量。许多成功者并非生下来就名声远扬，他们大都经过默默的成长期，懂得借助一些强者的声望不断壮大自己，直到被社会所承认。借力不仅是一种智慧，也是一种生存的本领。要想巧妙借力，就必须要有非常强的敏感度，在风起云涌的社会变迁中，能够抓住瞬间的机会，以此为杠杆就可以撬动这个世界。

公元1352年，走投无路的朱元璋打算去投奔郭子兴，可是刚到城下就被郭子兴的士兵误认为是元军的奸细而抓了起来，并且要就地正法。无论朱元璋怎么解释，士兵就是不肯相信。就在这个关键时刻，郭子兴恰好经过，听到朱元璋的喊叫声，过去问明究竟，便放了朱元璋，并且收他为步卒。

朱元璋将郭子兴看作自己的救命恩人，他也知道只要紧紧跟在贵人郭子兴的身边，就一定会有出人头地的一天。

同时，他心里非常清楚，要想从这些人中脱颖而出，自己必须付出比别人更多的努力，所以，他平时训练非常刻苦，每逢打仗更是积极冲锋陷阵。不久，他的出色表现，深深打动了郭子兴，很快被提升为亲兵九夫长。每当遇到重大问题的时候，郭子兴都要征求朱元璋的意见，而朱元璋每次都会尽心尽力地出谋划策，长此以往，朱元璋成了郭子兴最得力的将士。再后来，郭子兴就派朱元璋单独领兵作战，每次打仗，朱元璋总是身先士卒，冲杀在最前面，得到战利品后，又分毫不取，全部分给部下，所以很得部下的拥护。郭子兴对朱元璋更加器重了，一心想将他收为自己的心腹。

郭子兴的二夫人收养了一个义女，这个女孩是郭子兴好友马公的女儿。马公本来是富户，可是由于仗义疏财，最后破产。马夫人在生下女儿之后，没有多少日子马公便死去。为了躲避债务，马公就带着女儿投奔了郭子兴。郭子兴收留了马公，并安排他在军中做参谋，不久马公也死了。马公死后，郭子兴将他的女儿带回自己家中收为义女，就像对待自己的亲生女儿一般对待她。郭子兴为了让朱元璋完全成为自己的心腹，便将自己的义女嫁给了朱元璋。

朱元璋有了靠山，前程一片光明，他之所以有后来的成就，离不开他善于巧借贵人之力，也正是这些贵人一步步将朱元璋推上了历史的最高舞台。

在现代社会中，借力已经被广泛运用到各个领域。在人际交往中，借力也是提升自身品牌形象的主要手段之一。

大家都知道靠山的重要性，想要绞尽脑汁地寻找靠山，不过寻找靠山是双方自愿的事情，而不可一方强迫另外一方。寻找靠山一定要知道自己有几斤几两，如果两者之间落差很大，你就有可能被拒绝，那么你首先要做的不是抱怨，而是提高自身的价值，让自己具备千里马的资质。

值得注意的是凡事都具有两面性，依赖靠山在得到好处的同时，也能够带来不可预测的副作用。有了靠山就会产生依赖，做人做事就不会那么努力，有了困难也不着急想办法解决；靠山可以成为一步升天的阶梯，发展的空间将无限扩大，同时你也可能会成为大家嫉妒的目标……依靠靠山这一优势，可以弥补自己的不足，但它不是万能钥匙，凡事要自己努力一些，只有这样你获得的成功才是最扎实的，才不容易倒塌。

无论是哪种依靠关系，只要有了这种关系之后能让自己轻松获利，就是最好的依靠关系。但是，你也要提高自己的价值，这样别人才愿意让你依靠，相互关系才能更加长久。

那么如何才能找到“靠”得踏实的“靠山”呢？

1. 明靠

这种方法很直接，但效果也明显。你会从中得到很多帮助，但一旦靠山倒塌，第一个倒霉的可能也是你。

2. 暗靠

这种关系除了当事人双方，再也不会有第三个人知道。平时互相依靠的双方不显山露水，甚至就像陌生人一样，但私下打得火热。一般情况下，他们不互相帮助，只有在关键的时候才会出面帮助对方解决最关键的难题。这种关系虽可以避免不必要的闲言碎语，但不会为你赢得更多的人脉关系。

3. 假靠

你与某个著名的人未必有联系，但是你却经常在大家面前吹嘘自己认识某个重要人物，而这种关系只有你自己知道，别人却不清楚。你依靠这种关系，也许能占点便宜，但一旦被别人识破就很难圆场。

借刀杀人，隐藏自己的实力

借刀杀人，说白了就是借助他人的力量铲除异己的一种手段。这种故事案例无论是在文学作品中还是在史册中都不胜枚举。

借刀杀人的成本是最低的，它不需要自己赤膊上阵，不需要消耗自己的实力，更不会被别人怀疑到自己的头上，是一种聪明绝顶的招数。正因为借刀杀人有很多妙处，无论对于古代还是现代，无论是小人还是君子，它一直都是备受重视的谋略。

克莱尔在采访中爆料自己在大学期间曾被现在的将军道尔顿·麦金尼斯强奸，这一消息在美国引起了轰动，随后有个叫梅根的女孩联系了电视台称自己在部队服役期间也曾被麦金尼斯强奸。同样的遭遇让两个同病相怜的人联系起来，克莱尔鼓励梅根走上电视台向大家说明更多被强奸的细节，但是遭到了梅根的拒绝。梅根说自己只想说出实情让罪犯得到应有的惩罚，而年轻的自己还想要过正常的生活，不愿让更多的人认出来。克莱尔的爆料让军部如坐针毡，他们立马进行调查，克莱尔又提前与梅根进行了沟通，希望在军部调查的时候，她能够出面做证，梅根答应了。

当克莱尔提议的性侵法案急需通过的时候，为了让大家看到性侵的危害，唤起民众对性侵法案的支持，她多次游说梅根希望她能够在报纸上写文章、上电视台接受采访，以一个受害者的身份获得大家的同情，从而支持法案。梅根经不住克莱尔的游说同意了，在《纽约时报》发表了文章，文章对不支持法案的杰基提出了批评。当杰基看到这份报纸的时候，认为这是对自己人格的严重侮辱，决定给弗兰西斯和克莱尔最严重的惩罚。当梅根在录制节目的时候，杰基直接打通了现场热线，质问梅根为什么只有她一个人现身，而克莱尔从不露面，并指出这是一场阴谋。这让梅根顿时语塞。后来，梅根旧病复发，一蹶不振。

其实，梅根和克莱尔都是受害者，但克莱尔不想过多抛头露面，她因为“裸照门事件”已经出尽了风头，如果她再次出现，大家很容易想起“裸照”事件，这对说服大家赞成性侵法案有百害无一利。于是，她就鼓动梅根出面，自己则在幕后操控。

借刀杀人之所以频频被人利用，而且屡试不爽，主要原因不仅是成本低廉，更重要的是，施计的人在暗处，而被算计的人在明处，算计成功之后也不会被人怀疑。其实，借刀杀人之所以屡试不爽，关键是应了那句话“不做亏心事,不怕鬼敲门”,当一个人做了亏心事的时候，内心就会生疑，生疑心中就会生鬼，只要稍加游说就会上当受骗。另外，这个招数是对人性弱点赤裸裸的利用，只要抓住了把柄，就可以实施这一计谋了。

春秋时期，齐景公手下有三位力大如牛的大力士，为人莽撞，不懂朝堂礼仪，而且常常出言不逊，不仅不把大臣们放在眼里，而且连晏子他们也不尊敬。晏子看到他们在朝中如此没有章法，非常担忧，建议齐景公最好能尽早除去这三个人。齐景公虽然觉得有些可惜，但还是接受了晏子的建议。可是，他们武艺高超无人能敌，强攻不可取，唯一的办法就是智取。

晏子知道这三个人情同手足，如果采用离间的方法借刀杀人才是最妙的招数。于是，晏子让人端上三个桃子，并对三位大力士说："三位都是国家栋梁，去年宫中新引进了一棵优良桃树，国君想请你们品尝这次结的桃子，可是只熟了两个，国君想把它们奖赏给你们三个中功劳最大的两个，你们就根据自己的功劳来分吃桃子吧。"

三位大力士之一的公孙接性格比较急躁，抢先说："当年主公在狩猎的时候突然遇到两只猛虎，在最关键的时候我冲出来将这两只老虎全杀掉了，像我这样大的功劳，在宫中没有第二个人，我完全可以吃一个桃子，不会与其他人分着吃的。"说着拿过一个桃子就要吃。

另外一位大力士田开疆说："当年主公被敌人围困，我一个人手持兵器两次打退敌人的进攻，才救出主公。这样的功劳是无人能及的，所以我完全可以吃一个桃子。"说完，拿走了另一个桃子。

只有两个桃子，已经被前面两个人抢走了，第三位大力士古冶子无奈地说："我曾经陪护国君渡黄河，忽然河中冒出一只大鳖咬住国君的马车，把它拖进砥柱山下的漩涡里，是我跳入水中，追赶了几里，才将鳖怪擒获杀死。像我这样的功劳，是勇猛不如你们，还是功劳不如你们呢？可是桃子却没有了。古冶子说着抽出剑来，拉开决斗的架式。

公孙接与田开疆觉得古冶子的功劳的确都在他们之上，他俩先抢桃子，的确有违兄弟道义，便说："我们的勇武不如你，功劳赶不上你。我们毫不谦让地拿起桃子，是贪婪的表现。既然都这样了，如果我们还不死，是太不知羞耻了。”

于是，公孙接与田开疆不约而同地将桃子放回盘子，然后拔刀自刎了。

看到自己的兄弟双双倒地而亡，古冶子悔恨万分地说：“你们两位都死了，唯独我还活着，这是没有仁爱；用语言羞辱人家而夸耀自己，这是没有道义；悔恨自己的行为而不去死，这是没有勇气。你们两位都送回鲜桃，为保持气节而自杀了，难道我会单独享受两个鲜桃吗？”

于是，古冶子也自杀了。

三人把勇敢和气节看得比生命还重要，结果为了两枚鲜桃都自杀了，而晏子通过借刀杀人的计策，没费吹灰之力就为齐国除去了隐患。

借刀杀人，是一种最常用的谋略。在政治家、野心家、阴谋家当中，善于运用者，可战胜对手，保存自己；不善于运用者，则被对手离间，自乱营垒，终陷绝境。运用这种权谋的最高境界是既打击了对手，又不被对方识破自己是背后的“黑手”，解决对手的同时，也不会影响自己的名声。借刀杀人是以明确地打击对手为目的的权谋，其特征是损人利己，对于使用者来说，是站在不出己力的基点上，把矛头指向对手，就连自己盟友也无不在其利用范围之内，可谓居心叵测，目的险恶。受打击者往往或身败名裂，或断送前程，很少能东山再起，卷土重来。

借刀杀人其实就是为了保存实力，掩盖自己，奇妙地利用彼此之间的矛盾，达到一石二鸟的效果。目的就是通过借用自己以外的力量，达到自己最迫切的目的。在商务谈判中，谈判高手总是善于利用一切可以利用的机会，创造对自己有利的条件，向对方施加压力，甚至借助某些法律条文，驳斥对方的无理要求，维护自己的利益，说白了就是利用一切可以借助的力量，逼迫对方退让，以最低的成本收到最想要的结果。

在职场中，即使你没有借刀杀人的险恶用心，但并不能保证别人不会算计到你的头上，所以趁早识破阴谋诡计，也是必备的自我保护手段，那么如何识破对方是否对你采用了借刀杀人的招数呢？

1. 公司是否有空缺的职位

如果公司同一职位有两个人，而你是其中之一，那么你就得想想公司内部是不是有人想坐山观虎斗。如果能够识破对方就是这样的目的，那么你就应该坚定对公司的忠诚，再接再厉，争取领导更多的信任和关心。

2. 你是否与你的大老板过于亲密

如果你最大的上司不断嘉奖你，结果可能会引起你顶头上司的嫉妒，那你就得想想，他是否在利用你？再想想自己是否与其他领导有矛盾？如果真的有矛盾，那么他们就可能是在利用公司的资源将你扫地出门。

3. 是否与单位的人矛盾过深

如果情况属实，你还应该反省下自己，是否在公司过于锋芒毕露、处事欠妥才引来麻烦。暗箭虽难防，但至少也说明你目前的地位尚不足以被他人以明枪的方式撼动。这看似一次糟糕的危机事件，只要及时分析出要害，紧急补救，或许可以成为一次化干戈为玉帛的良机。

4. 当离开成为不可逆转的事实

如果觉得长痛不如短痛，那么你也可以和猎头公司聊聊新的工作。如果真有一份不错的工作等着你，那还有什么好留恋的。

扩展人脉，才可借到权力

按照中医理论所说："通则不痛，痛则不通。"人体气穴不能畅通，只要取得上下之间的贯通，就会安然无恙，那么该如何实现呢？靠的就是"打通关节"。

如果共和党以津贴改革为由，冻结联邦政府的开销，那么联邦政府就面临着停摆的局势。当总统沃克公布这一恶化形势的时候，民主党高层们一片哗然。其间，雷蒙德与弗兰西斯商议此事时，雷蒙德有些埋怨道："他被国内议程搞得心烦意乱，对中国只字未提。"

雷蒙德考虑到自己的商业利益，希望总统能早日解决中国问题，但总统被津贴改革方案弄得焦头烂额，根本没有太多心思关注中国的问题。

弗兰西斯的心思也在津贴改革法案上，说道："总统的直觉是对的，如果政府在演讲之后一天就停摆，那么演讲内容就毫无价值，我们必须现在解决冻结问题，中国问题可以暂缓。至少在三天内有奇迹出现。"

雷蒙德针对弗兰西斯所预测的结果有些疑惑："两党为了津贴问题争吵了好几个月了，你凭什么觉得在未来三天就会出现奇迹。"

弗兰西斯说："只要我们满足共和党的要求就可以。"

雷蒙德问："退休年龄提前吗？"

弗兰西斯说："对。"

雷蒙德依然毫无把握地说："这可是我们不能逾越的底线啊。"

弗兰西斯以一种一切全在自己掌控之中的口气说道："我们终归要逾越，所以，为何要抗争下去呢？让参议院通过这项提案吧！一旦成功，总统会在国情咨文中宣布一项重要的两党协议，我们就能够避免政府停摆，而白宫也能获得好评。”

雷蒙德听了弗兰西斯的建议有些担忧：“这要冒很大的风险，如果失败，后果很难堪。”

弗兰西斯说：“到时候难堪全由我来承担，这是我的责任。”

在津贴改革方面，通过打通关节，至少弗兰西斯与雷蒙德达成了一致。

后来，当弗兰西斯将沃克与雷蒙德离间之后，雷蒙德多次想回到总统的身边，沃克也有此想法，但是都在弗兰西斯的极力反对中停止。当雷蒙德有困难求助弗兰西斯的时候，也被他毫不犹豫地拒绝了。

弗兰西斯在暗中调查雷蒙德参与洗钱案件一事，很快让雷蒙德察觉了，雷蒙德接连抛出克莱尔的艳照，让弗兰西斯丢尽了面子，但对于弗兰西斯来说，他至少没有绝望，而是稳住自己之后，想尽一切办法来回击雷蒙德。弗兰西斯通过秘密调查得知，雷蒙德的重要生意伙伴丹尼尔·拉纳金经营着一家赌场，中国商人赞德·冯定期组织中国富人参加豪赌，如果说服冯和拉纳金切断资金供应链，那么意味着雷蒙德将失去半壁江山。于是，弗兰西斯派道格去中国游说冯。冯虽然和雷蒙德有亲密的合作关系，但是商人看重的是钱，谁给的利益越多就愿意和谁合作。对于道格的条件，冯也提出了自己的要求，那就是美国必须答应杰斐逊港大桥的承建权必须交给冯，这样冯才愿意切断给雷蒙德的资金供应，否则就没有谈判的余地。为了将雷蒙德致以死地，弗兰西斯答应了冯的请求，并在总统沃克面前极力说服建设杰斐逊港大桥的必要性，最后，总统同意了，冯切断了雷蒙德资金的供应。

当总统发现身边的一个个值得信任的人都离开了自己，而且自己又面临着牢狱之灾时，他顿时觉悟了，认识到这一切都是弗兰西斯一手策划的离间计。他将弗兰西斯叫到了办公室，弗兰西斯一进办公室就看到总统将自己送给他的拳击沙袋又摆在了办公室，便笑着说："总统先生，你又搬回来了？"

沃克不动声色地说道："梅伟瑟（美国黑人拳王，世界最具拳击天赋的拳手之一）今早来过白宫，我想着他会试一试。"

弗兰西斯指着沙袋问道："他打了吗？"

沃克微笑着说："他来了一套组合拳，我差点以为会脱线。"

弗兰西斯摸着沙袋说："那一定很有趣。"

沃克说："他告诉我力量不是最重要的，很多拳击手都比他强壮。不，他的诀窍是技巧，精准和速度。最重要的是他的反击，他走位飘忽、展闪腾挪、抓准完美的时机进攻。"他走到弗兰西斯的面前，笑了笑，问道，"听起来耳熟吗？"

这让本来兴奋的弗兰西斯突然愣住了，反问道："什么意思，先生？"

沃克走向沙袋说道："你把这当做友谊的象征送给了我，现在我看着这东西，我看不到友谊，我看到了心计。"沃克盯着弗兰西斯大声质问道，"你陷害了我，弗兰克。"

弗兰西斯很惊讶地问道："什么？"

沃克继续说道："你的秘密外交、特别检察官，当我想到雷蒙德、琳达、吉姆·马修斯……"

弗兰西斯故作镇定地说道："你错了，先生。"

沃克拿起桌上的文件边递给弗兰斯西边说道："邓巴对婚姻咨询的疑问，'这是大海捞针，她不会去找的。'这是你说的，但她找到了那根针。"

弗兰西斯连忙道歉："我很震惊，先生，我……从来没……"

沃克骂道："你他妈的当然有，你想削弱我。"

弗兰西斯反问道："削弱你？"

沃克肯定地说："为2016年竞选铺路。"

弗兰西斯似乎松了一口气："我很抱歉，先生，但你这是犯傻。"

沃克当然不相信他的狡辩，说："你真以为我是瞎子吗？"

弗兰西斯解释说："从没有副总统挑战过现任总统。"

沃克气愤地说："你就是靠为他人不敢为上位的。"

弗兰西斯也有的生气了，说："我的所为都是为了你和党。"

沃克说："你提议上呈记录，你将白宫和中国以及赌场联系起来——"

弗兰西斯打断说："是雷蒙德·塔斯克让我们牵扯上中国和赌场，而如果没有我干预——"

沃克抢着说道："你没法像梅伟瑟一样躲避，我了解你的手段了。"

弗兰西斯顿了顿，说："这间办公室滋生多疑，别被这种风气影响，先生。"

沃克怒斥道："为了不让事态更糟，我不会让你辞职。但从此刻起，我不想再听见你的声音，我不想再看到你的脸，否则，我会把你他妈的打趴下。

弗兰西斯有些失落地走出沃克的房间，此刻他也有些觉悟：被流放了，我成功地让总统疏离了所有人，包括我自己。

当沃克不再理睬弗兰西斯的时候，弗兰西斯有些坐不住了，如果这种僵局自己不去争取打破，那么对自己来说只能是凶多吉少。可是直接找他的话，正在气头上的沃克是不可能原谅自己。于是，弗兰西斯让克莱尔先在电话中与总统夫人特里西娅进行了沟通，希望她能够吹吹枕边风，让总统原谅自己。

特里西娅的劝说，再加上弗兰西斯写的那封热情洋溢、感人至深的信，终于打动了沃克，最终，他原谅了弗兰西斯。

每个系统、每个部门都有自己的上级，上级之上还有上级，而要上下协调，必须一级级地“疏通”下去，这才是解决问题的关键。而且人与人之间也需要进行“疏通”，这样才能保证人脉的通畅。

汉朝宰相萧何精通律法，有经济头脑，而且善于调配钱粮，是宰相的最佳人选。可是，在皇权的争斗中他的优势毫无用处。刘邦虽然和萧何相处的时间很长，关系也不错，但是刘邦对萧何有所猜忌，对他办事一直不放心。

公元前196年，淮南王英布起兵造反，刘邦命令萧何留守在京城，自己前去讨伐英布。刘邦在前线征战的时候依然对萧何不放心，一直派人暗中打听萧何到底在干什么？当一次次的回报都说萧何平安无事时，他才会稍微放心一点。但是有次派去打探的人又加了一句话：只听说他正在变卖家产，准备支援前线。这句话让刘邦松懈的情绪又紧张了起来，顿时脸色大变。本来萧何做的是好事，但是刘邦却不这样认为，难道萧何要造反不成？

萧何的门客知道之后，立刻劝说萧何说：“萧大人，您马上就要大祸临头了，现在，您功高盖世，又位居宰相，一人之下，万人之上，民心归附；而皇上又远征在外，他能不起疑心吗？眼下，皇上多次派人打探您的情况，就是怕您功高震主啊！您为什么不做一些坏事情，比如广置田园、放高利贷，让皇上放心呢？”

萧何听后觉得还是非常有道理的，从此之后，偶尔会在大庭广众之下干点偷鸡摸狗的事儿，占点小便宜。萧何的这些事传到刘邦耳朵之后，刘邦反而舒了一口气。只要一个人贪图小利，必然没有什么政治野心。贪图蝇头小利情有可原，有政治野心才是十恶不赦。萧何正是掌握住了刘邦的这种心理，所以才能保全自己。

打通上下级关系看似简单其实更为复杂，稍有不慎就可能在阴沟里翻船。业绩是衡量一个人能力最客观的标准，因此你若脚踏实地、埋头苦干，把上司安排的每一件事都办得妥妥帖帖，比起那些只说不做的人，上司一定会对你另眼相看的。每个人都有自己的行为风格与个性，这会充分体现在每个人的工作风格上。但面对上司，你最应该注意上司的类型，理解他的价值观，并按他的期望去做事，进行有针对性的沟通。例如，面对一个关注细节、重视条理与规范的领导，你应该有充分的思想准备去接受他对于你在汇报方案中的所有细节的质问与探讨；面对一个思维活跃、重视整体的领导，你也应当有充分的准备，因为你要不停地应付他各种突如其来的创意，却很少会告诉你该如何具体去做。

当今的社会就是一个关系社会，疏通上下级之间的关系，疏通身边的人的关系，才能让自己的生活上下通畅，可能在这个过程中会经历很多的痛苦，但这种不适应如果不能恰如其分地调节，对于个人发展是非常不利的。在保持自我个性的基础上与社会规范吻合，做社会人是职业化的一个重要内容。确实，一踏上工作岗位，你将会面对很多情境、各种各样的关系与人，其中学会处理人与人之间的关系是非常重要的。在职业咨询中，心理学家发现人际关系不协调是个人职业出现问题的重要原因。

人脉是由人际关系而形成的人际脉络。那么如何打通上下级之间的经脉呢?

1. 进行人脉经营

打通关系难，但是不懂得如何经营关系更难。如果花了九牛二虎之力打通一条人脉关系之后，可是在后续中并没有经营好，那么这也只能算是打通失败。平时见了面连招呼都不打,用得着的时候再去求人，谁又肯帮忙呢？人脉经营需要长久地坚持，平时就保持联系，不说混得多么熟悉，至少让别人能对你有印象，这样你求别人帮忙的时候就方便多了。另外，利用完后立马撇在一边不管了，这也是大错特错的做法，无论今后是否还会请人帮忙，都要善始善终，最好以后还继续保持联系，储备人脉以便日后再次利用。

2. 培养自信才能提高沟通能力

一个不自信的人，害怕与别人交流，总是担心被别人拒绝，所以不愿意让别人来打扰自己，更不愿意主动与别人交往，拓展人脉资源更是与他无关，所以他的圈子就会越来越小。一旦到了人多的场合就说不出一句话来，一次受挫之后，就再也不会到这种场合来了。所以，要提高自己的人脉圈子，首先要提高自信，大胆交流。只要经过沟通，大家才能了解你，才愿意和你交往。只有这样你的朋友才能越来越多，你的圈子也才能越来与大。

3. 提升人脉才具有竞争力

要想尽快提升自己的人脉圈子，首先要做到诚信，诚信是人际关系的基石。要想提高竞争力，就要提升自己的价值，提升被别人利用的价值。无论是信息，还是人脉资源，都要懂得分享。

友情才是最好用的权力

虽然人们常说在这个世界上没有永远的朋友，只有永远的利益。但是我们还是很珍视我们的友情，还是愿意与我们认为值得交往的人交朋友的。

然而，在朋友圈里，哪个人值得信任，哪个人不值得信任，谁也不知道。知人知面不知心，在利益面前每个人都会改变。有时候因为他是你最好的朋友，你没有理由不信任他，但他或许将你当成了敌人。也许你在尽心尽力地帮助他，他却让你做自己的替罪羊。所以，有人说真正的朋友只交七分就可以，另外三分保留着。

但是，我们不能由于现实的残酷就去否定真正的友谊。在你遇到困难的时候，义无反顾地帮助你的人就是你的朋友；当你有些烦恼无人可诉说的时候，有一个人默默地在你身边倾听，这个人就是你的朋友；当别人离开的时候，还有一个人一直在挂念着你，这也是真正的朋友。朋友就是彼此欣赏、彼此真诚、彼此宽容，一路前行的好伙伴。

弗兰西斯经常去一家很偏僻、很简陋的小饭店吃饭，这个饭店的老板是一位50多岁的老人，叫弗莱迪。弗兰西斯在这里吃了几乎20多年的烤肉。在弗莱迪的眼里，没有总统只有顾客；在弗兰西斯的眼里，弗莱迪只是没有任何利害关系的朋友，没有官场的尔虞我诈，只有放松和享受。

后来，一家报纸打破了小饭店的平静。这家报纸的记者无意间发现总统竟然在这家小饭店吃饭，问过弗莱迪才知道，总统不是第一次来这里吃饭，而是在这里吃了20多年。于是，记者对弗莱迪进行了详细的采访。一夜之间这家小饭店出名了，每天来这里吃饭的人都要排长长的队伍，弗莱迪一天的收入相当过去半年的收入，这让他乐得合不上嘴了。这家店火了，很多精明的商人纷纷来找弗莱迪要收购他的店，或者希望与他合作开连锁加盟店。

弗莱迪有了钱后，便找到了自己刚刚出狱、住在平民窟的的儿子达内尔，由于弗莱迪与达内尔很多年没有联系了，所以达内尔对他的到来十分冷漠。弗莱迪告诉达内尔，因为他不想让他的孙子继续住在充满毒品的环境里，现在他有钱了，要帮达内尔父子俩买一套房子。但是对他仍心有怨言的达内尔并没有当场接受。无奈弗莱迪只好告诉他烧烤店的地址，希望他能抽空来店里看看。

几日之后，达内尔来还是来到了父亲的饭店，当他看到排起的长队，还有忙得不亦乐乎的父亲时，也只好上前帮忙了。一天辛苦之后，等清点收入的时候，看着厚厚的一大沓钱，又加上父亲的劝说，重又燃起生活希望的他放下了对父亲的怨气，决定帮助父亲将这个店好好地经营下去。

但是弗兰西斯的政敌，却挖空心思地从弗莱迪身上挖掘一些“有用”的东西出来，进而整垮弗兰西斯。很快有报纸报道，弗莱迪在 1982 年因抢劫一家便利商店被定罪，在高速追捕过程中，弗莱迪驾车失控与另一车辆相撞，杀害了一对老年夫妇。弗莱迪对持械抢劫罪供认不讳，于是躲过过失杀人罪的指控，服刑 9 年，与 1992 年开始经营烧烤店。

这个报道出来之后，越来越多的媒体都将目光从饭店转移到了弗莱迪和他的儿子身上。这天，弗莱迪和达内尔走在街上，遭到一群记者的围攻，达内尔前去阻止记者拍照，可是记者根本就不听，一怒之下，达内尔掏出了枪，指向记者的脑袋……还在假释期的达内尔再次被关进了监狱。

弗莱迪的饭店关门了，他将卖饭店的6万美元用来赎自己的儿子。

弗兰西斯知道这件事情之后来到弗莱迪的家里劝说他，让他别卖自己的店，烧烤店是他辛苦了半辈子的心血，就这样卖给别人太可惜了。如果缺钱的话，弗兰西斯表示自己可以借给他，可是被弗莱迪拒绝了。当弗兰西斯再三劝说的时候，弗莱迪有些生气了，他说："我不会要你的赎罪钱。我以前混帮派的时候，一个月能捞到6万块，我见过许多人像犯人一样被射杀，我连眼都不眨一下，后来我被抓了。我进去的第一年达内尔出生了，我一次都没见过，连照片都没见过，我无法收回自己犯下的罪行，我唯一能做的就是靠自己往前走，就像一直以来一样，你明白吗？这不是自尊心的问题，弗兰克。"

20多年从来没有对弗兰西斯发过火的弗莱迪这次发火了，弗兰西斯有些失望地离开了。但在临走之前，弗兰西斯还是说："你要是改主意了就告诉我。

可弗莱迪的回答是："你是位好顾客，仅此而已，别装作是我的好朋友。”

他们的心情都很沉重，因为他们知道20多年的友谊不得不到此结束了。

其实，并非是弗莱迪绝情，而是为了保护20多年的友谊，保护弗兰西斯。多年前他杀人的事情可能成立，再加上自己的儿子还在监狱里，这都可能会成为某些人攻击弗兰西斯的把柄。所以，弗莱迪必须让弗兰西斯与自己撇清关系，这样弗兰西斯才能躲过一劫。

选择一个朋友，就是选择一种生活方式。能够交上什么样的朋友，先要看自己有什么样的心智，有什么样的素养。懂得修身养性，才是交到好朋友的前提，而交到好朋友，等于给自己打开了一个最友善的世界，让自己的人生更加光彩夺目！

胡雪岩为了能够与洋人做生丝生意，到处收买人心、拉拢同行、控制市场等，可谓绞尽脑汁。为了能做成第一笔生意，胡雪岩同时要与洋人和统一战壕里那些心术不正的人如朱福年之类的人斗智斗勇，经过不懈努力终于与洋人做成了第一笔生意，赚取了十八万两银子。然而，由于合伙人过多，加上需要打通的关系过多，最后分文不剩。当初的债务还没有偿还清楚，又拉下了一万多两银子的亏空。算下来，胡雪岩与洋人的这笔生意算是白做了。

尽管如此，胡雪岩还是决定即使一两银子不挣，该分红的照样分红，该结账的结账，绝对不能亏待朋友。在这笔买卖上胡雪岩没有赚钱，但是他使自己的合伙人及朋友们看到了自己对待朋友的态度和值得信赖的品质。

虽然这笔生意没有赚钱，但是胡雪岩积累了与洋人打交道的经验，和洋人取得了联系并且学会了初步的沟通，为他后来的军火生意、借款外资等奠定了坚实的基础。同时通过这桩生意，胡雪岩与商业巨头庞二结成了牢固的合作伙伴关系，这无形中也建立了胡雪岩在生丝生意中的地位，为他以后有效地联合同行业、控制并操纵蚕丝市场创造了必不可少的条件。仅仅从他在分、付之间显示出来的重情重义，使他得到了如漕帮首领尤五、洋商买办古应春、湖州“户书”郁四等可以真正以死相托的朋友和帮手，其“收益”实在不可通过金钱的价值来衡量。

处理好金钱与朋友的关系也是人脉关系中重要的组成部分。金钱赔了还可以再赚回来，一旦朋友间的人情赔进去了就难以弥补。有时候，我们拼命维护朋友却失去了朋友，拼命挣钱却失去了亲友。与其这样，不如洒脱一些，大气一些，也许会有意想不到的收获。

在社会生活中，总会结交一些朋友。如果能够在众多的朋友中，结交到几位好朋友是人生中的一大幸事，那么，该如何对待好朋友呢？

1. 对待朋友一定要坦诚相待

友谊是需要付出的，付出要不图回报。只有这样才能让好朋友感受到你的热情胸怀，让友谊不断升华。

2. 给予朋友最大的理解与宽容

好朋友不是一朝一夕就能结交的，是不断积累而成的。朋友之间一定要直言相对，有时候难免会有些小摩擦，所以必须要有理解宽容之心，这样的友谊才经得起考验。

3. 学会聆听朋友的内心世界

只有面对好朋友的时候，我们才会诉说自己的苦恼，所以作为好朋友一定要学会聆听，学会关心对方、开导对方并帮他保守秘密，不做传声筒，这样的友谊才会深厚。

4. 遇到困难要勇于求助朋友

俗话说“一个好汉三个帮”，勇于向好朋友求助，既能让他感受到你对他的信任，也能助你脱离困境。有时勇于求助也是鉴别朋友的试金石，要懂得合理利用。

CHAPTER 9

适时授权，千万不要把持所有权力

适时授权，千万不要把持所有权力

"权""人"相配，授权才最有效

找到信任的人才再放权

牵制别人，让他给你授权

授权是为了更高效地掌权

“权”“人”相配，授权才最有效

每个人都希望得到权力，可是人的欲望是无止境的，今天当主任，明天想当经理，后天就想当总裁。利用好权力，不在于控权，还在于授权。真正的、有效的授权，是带着信任的授权，仅有最低限度的控制。

人无千日好，花无百日红。大权旁落，你失去了权力，此刻你该如何去授权别人，别人才愿意听你的呢？

弗兰西斯成功离间沃克与雷蒙德之后，为了让雷蒙德死得更彻底，弗兰西斯不忘再加一盆凉水，从雷蒙德的脑门上给灌下去，让雷蒙德再无爬起来的机会，可是雷蒙德似乎是打不死的小强，与弗兰西斯、沃克顽强地抗衡起来。

在对待中国问题上，弗兰西斯建议实行强硬措施，打持久的贸易战，沃克采纳了他的意见，但是这与雷蒙德急于与中国修好，以便在北京建立稀土精炼厂的初衷大相径庭。

当沃克询问弗兰西斯："其他核能供应商支持吗？"

弗兰西斯说："大部分支持，除了雷蒙德的公司，还有一些湖畔港和沃夫斯普林斯核能公司。现在我无法证明，但我很确定他们串通了。"

也许沃克并没有往串通方面想，可是经过弗兰西斯这么一提示，沃克不得不去想了，似乎雷蒙德是故意与自己作对，雷蒙德在沃克眼中更加刺眼了。

沃克埋怨道："雷蒙德想让我难堪，我提供了解决方法，核能说客却不接受。"

…………

弗兰西斯继续鼓动说："我们不需要法案通过，我们只需要造成威胁，看看他会不会听话。"

沃克笑了笑，说道："有没有办法让这事不见报？我不想让世界排名前1%的富商给我打电话。"

弗兰西斯一听沃克这样说，顿时明白了他的深层含义。

但雷蒙德并没有妥协，反而扬言要在法庭上见。弗兰西斯收到这一信息后，立刻赶到白宫，打算进一步游说总统沃克。

沃克并没有完全听信弗兰西斯的建议，说："这事有些失控了，弗兰克，我们不应该跟雷蒙德对抗，也许我们应该跟他谈谈。”

弗兰西斯说道：“这正是他想要的，强行回到决策圈。”

沃克反问道：“把他拒之门外有什么好处？”

弗兰西斯坚定地说：“给人们上简单的一课，你不能威迫美国总统。”

沃克仍旧有些犹豫不决，并坚持说自己要给雷蒙德打电话。

弗兰西斯看无法说服沃克总统，非常担心沃克会主动给雷蒙德打电话，认为只要雷蒙德跟总统见两分钟，也许就会重获总统的青睐，而自己必须打破他们的联合，阻止他们再次结盟。

弗兰西斯再次向雷蒙德施压，说道：“接受津贴或者跟联邦能源理委员会打交道，没有第三个选择。”

雷蒙德一直等待着沃克给自己返回白宫的机会，但是这个机会让他等得十分漫长，他不想再继续等下去了，他要制造点响动，必须给弗兰西斯点颜色看看。

这天晚上，美国著名的棒球比赛马上即将开幕，弗兰西斯被邀请为这个开幕式投出第一个球。全场热闹非凡，人声鼎沸，弗兰西斯迈着矫健的步子走到了棒球场的中心，当他刚拿起球准备投掷的时候，突然球场停电了，弗兰西斯也愣住了，这是怎么回事？保镖们为了弗兰西斯的安全，赶紧上前保护着弗兰西斯离开了球场。

原来，这片区域的供电属于雷蒙德的公司，难道是雷蒙德故意搞的鬼?

沃克对停电事件很生气,立刻打电话询问雷蒙德。后来又问:“雷蒙德,你是故意的吗?”

雷蒙德说:“先生,我知道您现在不太重视我,但我很震惊您竟会这样怀疑我。”

沃克说:“时间巧合得让人难以相信。”

雷蒙德无法直接回答问题了,只得解释道:“热浪来袭,总是会挑战电网的负荷。”

沃克也懒得再计较,就说:“好,我们快把人民从黑暗中解救出来吧,每三十分钟汇报一次进度。”

可是,雷蒙德并不想这么痛快地答应,说电厂要进行故障维修,东南电厂有可能断供几天。

此时沃克还在相信雷蒙德真的是因为技术原因才会断供,但弗兰西斯很肯定地告诉沃克,雷蒙德是想回决策圈,他的电厂绝对没有问题。沃克有点不明白,即使大家有点分歧,但雷蒙德也不必如此过激,为什么会这么做呢?弗兰西斯亮出了最后一张牌,说:“我告诉他了,有可能进行联邦能源理委员会审查。”并解释说,“他给我打电话,我接了。”

沃克质问道:“你为什么没有立刻告诉我?”

弗兰西斯再次撒谎道:“他说你们进行了建设性谈话,他支持津贴问题,我以为一切都好。”

沃克解释说:“他提议重开贸易商谈，我们根本没有谈津贴。”

然后，弗兰西斯意味深长地说:“他耍了我们俩。”

看到沃克如此生气，弗兰西斯上前建议，与其这样还不如让国家来接管雷蒙德的电厂。并鼓动说:“国家需要一位领袖，总统先生，给他们一个吧，别向雷蒙德低头。”

沃克陷入了沉思……

当一个人大权旁落的时候，首先考虑的不应该是如何马上夺回权力，而应该是如何保护住剩下的权力，维护好现有的权力，再逐步地、有计划地收复自己的“失地”。如果刚失去权力，就想夺回，有可能连自己仅剩下的那点权力也会丧失掉。

接地气的人物总能让人注意，因为他们的成功更不容易。朱元璋是中国历史上靠农民起义起家的皇帝，成为不甘于命运安排、赤手空拳打天下的成功榜样。

王侯将相，宁有种乎？他虽说学问不大，但多谋果断，毛泽东对他有这样的评价：自古能军无出李世民之右者，其次则朱元璋耳。

为了避免天下再次大乱，朱元璋不允许自己的国土有一点点污秽，他既整顿吏治、惩治贪官，又诛杀功臣、大兴冤狱，造成了很多冤假错案，即使他的好友沈万三也未能逃过此劫。

鲁迅曾拿狮子和肥猪来打比方，强壮对于这两种动物的命运大不相同。财富对不同身份的人也是祸福不同。富可敌国的人总能引来旁人的眼红，人财两空、家破人亡则成为正常的发展结局，而这一切不能怪别人，要怪就怪自己当初太过贪婪。

元末，皇上贪图享乐，荒废朝政，造成地方官员的权力日益强大，最终导致天下大乱。这一前车之鉴给了朱元璋很大的警告。随着国土的收复，朱元璋制定了一系列巩固皇权的制度。由于他认为明朝只能是朱家天下，姓朱的自家人来管理国家最放心，所以朱元璋把自己的二十多个子孙封到全国各地当藩王，只留下太子在京城。同时朱元璋对诸王的管理很严格，如果没有达到他的要求，或者犯了什么过错，即使是亲儿子，也要受到责备甚至重罚，绝不姑息。分封诸王，主要起个威慑作用，免得地方觉得“天高皇帝远”，做出对朱明王朝不利的事。

他废除了行中书省，设立三司，分管行政、司法和军事，三司互不统属，直接对中央负责。又废除了一人之下万人之上的宰相，设立了协助皇帝处理政务的秘书班子。他还利用官员的一些过失，制造了不少大案，清洗开国功臣，尤其是那些曾经掌握兵权、在军队中享有较高威望的大臣。

八股取士也是朱元璋加强专制的措施之一。朱元璋本身文化水平不高，农民出身且还当过和尚的他很不喜欢长篇大论，规定在选拔官员的科举考试中，形式必须用八股文体，内容必须在四书五经范围内。后来他又设立了特务机构，用于监视和控制臣民的思想言论，大量的锦衣卫潜伏于朝廷和民间，随时向他汇报大臣和民众的言行举止。

农民起义的他采取减免赋税，清丈田亩，与民屯田，开垦荒地，以及兴修水利等措施，促使农村生产力的发展，甚至严厉惩罚贪官污吏。

权力可以成就一个人也可以毁掉一个人，所以在授权的时候，要对权力采取必要的监管措施，不能浪费权力，更要防止权力被过度分割。

当领导将决策权授予自己下属的时候，授权是否有效的关键因素就是所授的权力是否适合这个下属？采取哪种方式授权？授予哪个下属，或者哪个团队？只有“权”“人”相匹配时，授权才能有效，而“权”“人”不适的授权所造成的危害比不授权带来的后果更严重。

为保证“权”“人”相适，必须按如下方式授权：

1. 公开授权

在授权的时候，公司内部的人都知道，这样比较有利于管理和执行。如果不声不响地授权，显得“名不正言不顺”，员工未必会买账。同时，明确授权人，利于大家进行监督。

2. 授权有据

在授权的时候要有相关证据，比如授权书、委托书等，这样有利于权责明确，方便管理，还可以避免管理不到位。

3. 权事平衡

如果授权过度，不仅下属能力未必能够达到，而且还可能会干扰其他人的工作，这样的话不仅不能带来促进作用，反而还有可能阻碍工作的推进，所以，授权要适度。

4. 授收结合

领导授权要能授能收。权力在授出后，如果不能起到积极效果，那么就要收回权力。另一方面，当发现下属经常越权、背离工作目标，给工作带来损失时，则要及时削弱其权力，避免权力失控。

找到信任的人才再放权

21 世纪什么最珍贵？人才！人才是一个企业发展的精髓，没有人才就不可能有企业的发展。但是人才的流失也成为领导者最为头疼的问题。如何处理好领导者与人才间的博弈？

对领导者而言，就是做好留人留心的工作。在工作中，应当“以利为基，以义导利”，注重软、硬两方面的约束。从硬的方面讲就是以法律人，注重建立健全必要的制度。一是从企业内部来讲，要完善用工制度，明确责任，一旦出现问题，绝不姑息。二是从企业环境来说，企业之间要形成良性互动、达成共识，对那些见利忘义、不讲职业道德的对手，哪怕水平再高、能力再强，都要拒之千里。从软的方面讲就是以利励人，注重结合本单位的实际，建立一套系统、完善、科学的人才发展体系和公正、公平的人才竞争激励机制，使他们随时随地能体会到自己职位与责任的变迁与提高，感受到自己的付出与回报是成正比的，时时有压力，处处有动力。在得人心、暖人心、稳人心中，激发人的潜能，创造既有利于企业发展壮大，又有益于人才提高进步的良好环境。

弗兰西斯为了打败对手——教育法案改革的反对者马蒂。在自己家自编自导了一场闹剧，指使人用砖块砸自己家的玻璃窗。然而蒙在鼓里的司机艾德华·密查姆，还真以为有人要袭击弗兰西斯，急忙追出门外，在没有追上的情况之下又开枪射击。因为在住宅区开的枪，所以艾德华被警察抓了起来。艾德华也因此事将被解雇。虽然，弗兰西斯帮他保住了工作，但他已没有资格再在弗兰西斯身边工作了。

当弗兰西斯急需保镖的时候，安保人员打算给弗兰西斯安排更有能力的特工来保护，可是被弗兰西斯拒绝了，他只要求重新将艾德华安排给自己。安保人员觉得弗兰西斯在拿自己的安全开玩笑。可是弗兰西斯依然坚持，安保人员只好妥协了。艾德华在弗兰西斯的身边不仅是工作，也是为了还弗兰西斯的债。

弗兰西斯一把将杰基提拔起来，让她成为党鞭，为了回报弗兰西斯，在津贴法案改革的时候，杰基自告奋勇地去为弗兰西斯拉选票。离议会投票时间不到三个小时了，还差8票，杰基在国会大厦门前准备去说服议员保罗和本。第一次动员他们投票，杰基失败了。雷米建议她采用弗兰西斯的常用方法，问问他们需要什么。杰基再次走向这两个人，没有等对方开口就抢先说道："保罗，雷米说你需要一座废物处理厂。"

保罗回答说："我们得不到足够的联邦拨款。"

杰基并没有直接回答保罗的问题，而是向另一位议员问道："本，你曾说过想在选区建葡萄酒博物馆。"

议员本回答说："我们长岛酿的酒非常香。"

杰基说道："我喝过，跟我们纳帕各的酒相比味道简直像尿，那么难喝的东西应该送到保罗的废物处理厂。"她不顾雷米的提醒，愤怒地说，"我们可能遭受了恐怖袭击，你们却端着盘子想再来点猪肉，你们应该为自己感到羞耻。在我的党团，行为正派的人会得到褒奖，而不是那些用投票勒索的人。当我们走进这里时，我希望你们俩毫不犹豫地投赞成。感谢你们改变主意。”

最后这两位投了赞成票。

投票45分钟后开始，还差4票，已经没有合适的人选了去游说了，改革法案面临着极有可能无法通过的危机。

杰基带人推着几推车保险资料来到议会厅门口，来势汹汹，许多人都停止了工作看着她，杰基厉声说道：“这里是每个人的保险资料，每一个会因政府停摆而失去家庭保险的人，他们会失去一半的福利，被暂时解雇，无力偿还助学贷款、负担交通服务、战后心理辅导，我需要继续吗？”

唐纳德说：“大局才是关键，杰奎琳。”

杰基说：“我觉得这就是大局。”

唐纳德说：“我不能完全支持。”

杰基接着说：“那就别完全支持，只让你的四个人投赞成票就成。在成功避免政府停摆后与我合作，我并不是弗兰西斯。”

只要你是真正的人才，你的顶头上司就会给你权力。如果他不给你权力，那么他就是对你的能力产生了怀疑。

常言道：“水能载舟，亦能覆舟。”同样的道理可延伸为，要治理一个国家必须懂得百姓的重要，以民为本的江山像一棵根基深入土地的大树一样很难被连根拔起。

据《史记》载，高祖尝繇咸阳，观秦皇帝，喟然太息曰："嗟乎，大丈夫当如此也！"可以看出当时身为草民的刘邦已经有了远大的志向和野心。也许很多人曾暗自笑他太过天真，可他的理想却很坚定，正因为这种坚持不懈的精神才让中华历史多了一个奇迹。

有时候所谓奇迹，不过是努力的另一个替代词。不仅要有强大的承受能力，还得有面对失败毫不退却的心。曾经为小混混的刘邦对失败没有太多的落寞感，也正因为他的这份淡定，才成就了后来的霸业。项羽打赢了五场胜仗，却输在了第六场，"成者为王,败者为寇"的心态最终让没有遮掩顾忌的他在乌江自刎。

刘邦也是个善用人才且尊重人才的领导者。韩信虽是因战而名，也因战而被杀。但刘邦总能择善而从，通过发挥手下将士的才干和谋略来巩固自己的江山。同时他也能坦然面对自己的不足。他曾说："在运筹帷幄之中，决胜千里之外方面，我比不上张良；在管理国家行政事务、安抚百姓、给前方战士提供足够给养方面，我比不上萧何；而在率领百万大军，战必胜、攻必取方面，我更比不上韩信。张良、萧何、韩信三人，都是杰出的人，我能任用他们，这是我获得天下的重要原因。"

得民心者得天下，把刘邦的事例换到当代来诠释，只需真心待人，诚心待事，让为你效劳的人得到应有的报酬，不昧着良心去做事就是一种成功了。

授权是现代管理学的重要原则之一，也是管理人员在日常管理活动中需要经常面对的问题。一个人的精力是有限的，他的知识和才干也是有限的，无论他多么能干，多么有精力和才华，都不可能把一个单位或一个部门的事情全部抓起来，事必躬亲。如果大事小事都事必躬亲的话，必然是大事小事都抓不好，造成“顾此失彼”的现象。

这时，最好的办法是授权。一个成功的领导者，不仅要维护权力、运用权力，还需要适时适度、通过各种方法把自己的权力放给自己的部属，让他们通过自己授予的权力去完成某一个方面或某一个领域的任务，从而服务于自己的总体目标。

授权是一个十分复杂的问题，不同的领导者可能有不同的高招。不过，总体来看，依然有以下几点可以遵循：

1. 以处理领导责任为要点

要想让所授给的权力能够发挥最大的作用，首先要明确每个人的责任和权限是什么？只有明白了这个问题，各司其职，才能实现所受的权力达到最大的实现。

2. 以全力实现整体目标为核心

授权就是为了让下属增强责任感，提高工作效率。那么权力需要细分几层，每一层又分几步，这个也很关键。其中一个环节出现了问题将可能会影响到全局。所以，领导在授权之后，要及时发现权力的漏洞，及时修补，避免影响到全局。

3. 收放自如

权力要能够舍得放得出去，但是放出去之后，不懂得监管，而让权力任其自然地发展，必然会造成权力在一些人的手中被滥用，这样不仅达不到授权的目的，而且还能影响到整体目标。所以，在放权的时候就首先要想好一旦出现问题如何收回权力，或者在授权的时候将权力回收的条件说清楚，这样对双方都是一种约束，才能让权力发挥积极的效能。

牵制别人，让他给你授权

政治看似一个舞台其实是一个象棋般的布局，可以通过移动每一个棋子，来牵制对方的活动，从而让对方陷入被动挨打的地位。这时，主动牵制的一方，为了发挥战斗效果，需要抓紧时机，围歼对方已被牵制的棋子，以便占取物质优势。或者利用对方棋子受制的良好时机，集中优势兵力，攻其薄弱环节，争取以少胜多，速战速决。无论你是棋盘上的哪一颗棋子，你一定要有用，才能被重用，才会被给予充分的权力。如果你做一颗无用的棋子，那么没有人去珍惜你，你随时面临的不仅是被对方淘汰掉，而且很可能被你的主人当替罪羊牺牲掉。

佐伊和弗兰西斯之间相互利用、相互合作、相互牵制。佐伊通过媒体，不仅能够帮助弗兰西斯摆脱困境，给政敌以致命的打击，更重要的是媒体能够给政府施压，让政治局势朝着弗兰西斯想要的方向发展。弗兰西斯提供给佐伊的都是政府内部第一手的机密消息，让佐伊能够成为报社的红人，美国纸媒的红人，甚至电视上的红人。没有佐伊就成就不了弗兰西斯，没有弗兰西斯同样也成就不了佐伊。正是彼此有被利用的价值，所以，佐伊和弗兰西斯合作得很顺畅。不过后来，以为牵着弗兰西斯鼻子走的佐伊，没有想到自己牵着的不是猫而是狼，她为此也付出了年轻的生命。

罗素本来是一个小议员，他却成了弗兰西斯的牺牲品。弗兰西斯为了自己的政绩，让罗素同意拆掉自己选区的造船厂，但罗素从此也算找到了靠山，整天就像跟屁虫似的跟随在弗兰西斯的身后。任由经验丰富的弗兰西斯安排竞选州长的一切事务。可是，不争气的罗素没有经得起诱惑，与州长的位置擦肩而过。一下子跌进失败的深渊，让罗素顿时醒悟，打算披露所有的秘密。没做亏心事，不怕鬼敲门。可是弗兰西斯心中有鬼，他不得不采取措施，让罗素躺在自己家的车库里，安静地离开。

道格可以说是弗兰西斯的影子，只要弗兰西斯在哪里他就会出现在哪里。凡是弗兰西斯交给他的任务没有完不成的。由于跟随弗兰西斯的时间很长了，所以对于弗兰西斯的一举一动他都能够读懂背后的深意。但在关键的时候弗兰西斯也免不了告诉道格“这已经是我第三次原谅你了”。

…………

正是彼此牵住了对方的要害，所以你要什么他就必须给你什么。如果他不能满足你，那么他将面临着疼痛或者死亡。所以，无论是牵制别人，还是防止自己被牵制，一定得学会放权，只有放权，你才能获得自己，才能活出最真实的自己。

三字经里有这么一句话：始春秋，终战国，五霸强，七雄出。

春秋时期，晋国和燕国同时出兵袭击齐国，晋国占领了齐国的阿、甄两地，而燕国占领了黄河以北的齐国领土。晋、燕两国显然达成了某种协议，目的就是合伙瓜分齐国。齐国军队在两国的夹击下一路溃败，眼看就要顶不住了。齐景公为此十分焦虑，此时齐大臣晏婴向齐景公推荐了田穰苴，说：

"田穰苴虽然是田氏门中偏室所生，但是他这个人，文能令人信服，武能威慑敌人，希望大王能试试他的才干。"于是，齐景公就召见了田穰苴，经过深谈，对他十分欣赏，认命他为齐国大将军抗击晋、燕两国。

出身卑微的田穰苴，上任后怕别人不信任他，或会加以刁难，便请求齐景公派一个宠臣作监军。齐景公派出宠臣庄贾。田穰苴随即便拜会了庄贾，并与他约定第二天中午在营门集合出发。

第二天，田穰苴早早地就赶到军营，在训练场地布置测量时间的标竿和漏壶，等待庄贾。庄贾一向骄横，认为自己是监军，就要一切听从自己的，对约定的时间毫不在意。亲戚朋友纷纷设宴为他送行，庄贾索性坐下来和朋友们喝起酒来。到了正午，还不见庄贾的身影，田穰苴便放倒标竿，撤掉漏壶，叫副将派人去请监军大人，然后头也不回地走进军营，直接向三军将士申明了纪律。而酒兴正酣的庄贾，听说有士兵请他去军营，便不满道："时间就那么重要吗？时间到了又怎么样？"

下午，田穰苴操练完士兵，仍列队等候庄贾，眼看太阳都快落山了，仍不见庄贾的身影，田穰苴吩咐副将亲自去一趟庄府，务必请监军来军营。此时，庄府众人已经醉得七倒八歪了，庄贾见到副将极不耐烦地说："你先回去告诉他，就说我马上就到。"

傍晚时分，庄贾才晃晃悠悠地来到军营。田穰苴立马责问他："敌军入侵我国，百姓的性命系在你手上，你还要先让亲朋好友送行再上战场吗？"说罢，田穰苴就让军法官宣告法令：约定期限而迟到者，斩时。庄贾这才害怕起来，立即派人飞马向齐景公求救。派去的人还没回来，庄贾就被斩首示众了。

当齐景公的使者赶来时庄贾已经身首异处，此时田穰苴问军法官："军营不准车马进入，使者这样的行为应当如何处理？"军法官端正地答道："应当处斩。"然后田穰苴表示君王的使者可不杀，但活罪难逃，于是当众将使者的仆人和马杀死，并砍断了车厢左边的一根木头。然后让使者回去汇报，军队开始出发。

田穰苴纪律严明，说话算话的行为风范使全军大受鼓舞，士气倍增，晋国听说这个消息后，不等交战便落荒而逃，燕军同时也赶紧回渡黄河。齐军乘胜追击，一举收复了失地，等田穰苴班师回朝后，齐景公不但没有怪他斩杀庄贾一事，反而拜他为大司马。

田穰苴之所以能够让齐景公多次授权自己，即使杀了庄贾也没有过多地追责，主要原因是田穰苴的确有才能。其次是因为齐景公开明。

要想人才发挥更大的作用，就不要给你的人才戴上脚镣和手铐，让他去自由发挥，否则适得其反。管理企业也是同样的道理，如果对内部的人才管理太严格，不能发挥人才的作用，也无法给企业带来效益。由此看来，给人才放权势在必行！

授权的基本依据是目标责任，要根据责任者承担的目标责任的大小授予一定的权力。在授权时还要遵循以下一些原则：

1. 相近原则

给你的下级授权的时候，要在他的能力范围之内，而不要越级授权，否则只能造成权力的浪费。授权的时候要把握住很关键的一点就是将权力授给执行的相关人员，或者最靠近目标的决策者，而不是盲目地授权。

2. 授权原则

给下级授权的时候，要把握住授的权力能够解决遇到的困难，而不是看似授权了，但是所授的权力无法解决遇到的困难。如果是这样的授权，就会和没有授权一样，甚至会成为工作中的障碍。

3. 明责授权

要在授权之前，让接受权力者明白自己所接受的权力到底要去干什么？干成了将有什么样的奖励，如果办不成将有什么样的责任。明白了这点，接受权力的人才会目标明确，不辜负被授予的权力。

4. 动态原则

由于事物每时每刻都在发生着变化，授权的范围也在随时随地发生着变化，所以，不能以当时授给的权力去要求接受权力的人必须达到最初的要求，这点是不正确的。这就要求授权人在授权之后，对权力进行监控，并对地理环境、时间深入分析，对权力不够的地方继续放权，对权力过盛的地方,加以回收。只有这样权力才能真正起到权力的作用，双方都能够在轻松中解决整体目标。

授权是为了更高效地掌权

每个人在人类社会中都有不可质疑的作用，权力越大，力量就越大，影响力也就越大。权力在群体智慧的激发之下,可以发挥出超常的作用。那么领导就面临一个用才的问题。用才就得给其权力。

第一要有容才之量、容人之质。能否有效地聚集人才，特别是在对待才能高过自己的人，既反映出领导者的领导水平和驾驭人才的能力，又是一把检验领导者胸怀度量的尺子。第二要有用才之术、用才之能。“善用人者能成事，能成事者必用人。”从实践来看，要适用其才，“骏马能历险，耕田不如牛”，必须扬长避短；要适用其时，讲究时效，克服滞后现象；要适用其位，防止以短就长；要用而不疑，为人才创造良好的环境，保持最佳状态。

《纸牌屋》中的赛斯是说客雷米的手下，说白了也是雷蒙德的手下。当克莱尔在电视台上曝光自己被人强奸，并且有过堕胎史的时候，在整个美国引起了巨大的轰动。如果是平常百姓家发生堕胎事件倒也无所谓，可是总统夫人在亿万电视观众面前承认自己曾经堕过胎，这件事的意义就不一般了。因此，克莱尔被称为“婴儿杀手”。

弗兰西斯的死对头雷蒙德自然不会放过这次机会，他让自己的说客雷米想办法找到克莱尔堕胎的确切证据，依此来制造事端，把弗兰西斯拉下台。于是，雷米找来赛斯帮忙。为了能够掌握关于克莱尔的准确消息，赛斯经过层层考验，顺利成为了弗兰西斯和克莱尔的另外一位助手（还有一位助手叫康纳），暗中搜寻着相关证据。

赛斯甚至到曾经给克莱尔堕胎的医生家里寻找证据，可惜这位医生去世得早，只剩下年迈的妻子，而且医生曾经的一切医疗设备都不在了，所以，赛斯根本无从找到证据。不过让赛斯意外的是这位医生有个爱记日记的习惯，赛斯最终拿到了这本日记，但是没有交给雷米，而是交给了克莱尔。

赛斯以为自己的身份隐藏得很好，但还是被弗兰西斯这只老狐狸发现了。这天，弗兰西斯找他谈话，弗兰西斯直接说：“我也很善于观察，像你一样……你到底有何企图？”

赛斯倒也没有拐弯抹角地狡辩，而是很直爽地承认道：“我受雇于雷米·丹顿。他要我尽力找您的把柄。”

…………

弗兰西斯问:“为什么你现在要告诉我?”

赛斯说:“你是美国副总统,雷米为雷蒙德效劳,这让我夹在了两位强权人物中间,我懂得谨慎行事。”

弗兰西斯笑道:“雷米肯定给了你高额佣金。”

赛斯说:“但她只给我钱而已。当我看到过推动津贴改革通过参议院时,就知道白宫真正的权威何在了。我想效力于您这样的人物,而不是开游艇,我对钱不感兴趣,您希望我跟雷米断绝往来吗?”

弗兰西斯笑了:“不,我希望你找到盲点。”

后来,在弗兰西斯的授权之下,赛斯利用自己的双重身份,给弗兰西斯提供了很多关于雷蒙德的有价值的信息。

就这样弗兰西斯通过简单的几句话,让潜藏在自己身边的老虎瞬间变成了猫,甚至专为自己捉老鼠,可见弗兰西斯的眼光有多么毒辣,能够看透每一个人,并且能够掌控一个人。正是这种毒辣的眼光及手段,才使得他在白宫游刃有余。

作为公司的最高管理者,不是将所有的部门都抓在自己的手中,如果这样做非得累死自己不可。领导要想管理得轻松,只要牢牢抓住几个关键部门的头儿,给他们一定的时间限制,然后,放开手脚让他们去干，如果事事干预反而让你的下属手足无措。时间到了验收工作就可以了，对于完成的予以奖励，对于没有完成的进行惩罚。学会给自己放假，当你自己忙得要死，而你的下属都在睡大觉、看笑话的时候，你的好日子也就快到头了。

作为企业领导者，要想让自己所授予的权力达到最佳效果，那你就要在授权之前了解授权的利与弊，这样即使出现问题，你也有一个可控的范围，否则覆水难收。

授权有哪些优点呢？

1. 授权可以增加下属的积极性，便于他们发挥创造性思维。

2. 授权可以减轻顶头上司的负担。

3. 授权可以培养下属们独当一面的企业责任感

4. 授权可以在企业内部形成良好的竞争机制。

5. 授权可以减少管理的层次，便于提高工作效率。

授权的缺点：

1. 授权需要花大量的成本进行培训。

2. 将被授权的任务分配给了其他人，而授权者却忙于各种回报之中。

3. 权力一旦下放就很难收回，即使收回也会留下后遗症。

FONGHONG
凤凰联动出品